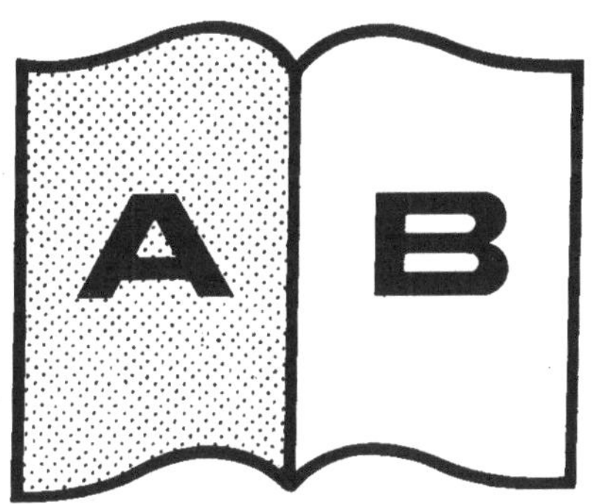

Contraste insuffisant

NF Z 43-120-14

REVUE TECHNIQUE

DE L'

EXPOSITION UNIVERSELLE

DE

CHICAGO EN 1893

PAR

M. GRILLE
INGÉNIEUR CIVIL DES MINES

M. H. FALCONNET ○
INGÉNIEUR DES ARTS ET MANUFACTURES

Neuvième Partie.

LES CHEMINS DE FER A L'EXPOSITION DE CHICAGO

Premier volume : LES LOCOMOTIVES

PAR

M. GRILLE

INGÉNIEUR CIVIL DES MINES

ORGANE

Des Congrès internationaux tenus à Chicago en 1893

sous la Présidence de :

MM. O. CHANUTE & E.-L. CORTHELL

PARIS

E. BERNARD et Cie, IMPRIMEURS-EDITEURS

53ter, Quai des Grands-Augustins, 53ter

1894

REVUE TECHNIQUE

DE

L'EXPOSITION UNIVERSELLE

DE CHICAGO

REVUE TECHNIQUE

DE

L'EXPOSITION UNIVERSELLE

DE CHICAGO

PARIS. — IMPRIMERIE E. BERNARD ET Cie

23, RUE DES GRANDS-AUGUSTINS, 23

REVUE TECHNIQUE
DE L'
EXPOSITION UNIVERSELLE
DE
CHICAGO EN 1893

PAR

M. GRILLE
INGÉNIEUR CIVIL DES MINES

M. H. FALCONNET ⚙
INGÉNIEUR DES ARTS ET MANUFACTURES

Neuvième Partie.
LES CHEMINS DE FER A L'EXPOSITION DE CHICAGO
Premier volume : LES LOCOMOTIVES

PAR

M. GRILLE
INGÉNIEUR CIVIL DES MINES

ORGANE
Des Congrès internationaux tenus à Chicago en 1893
sous la Présidence de :
MM. O. CHANUTE & E.-L. CORTHELL

PARIS

E. BERNARD et Cie, IMPRIMEURS-ÉDITEURS
53 ter *Quai des Grands-Augustins*, 53 ter

1894

CHEMINS DE FER

LES CHEMINS DE FER

A L'EXPOSITION DE CHICAGO

CHAPITRE PREMIER

LOCOMOTIVES

Les locomotives américaines occupaient, bien entendu, une place prépondérante à l'Exposition de Chicago. Elles en occuperont également une dans la présente étude. Toutefois, nous avons cru devoir rapprocher, à titre de documents, les dimensions d'un certain nombre de machines européennes de celles des machines modernes américaines pour qu'on puisse en saisir facilement les points de contact et les dissemblances.

La tendance générale en Amérique on peut le remarquer, est de construire des machines très puissantes. Nous expliquerons plus loin les motifs économiques qui ont conduit à cette conception de plus en plus grande de la puissance que doit atteindre la locomotive. Disons seulement que cet accroissement de la puissance et par suite du poids de la locomotive a été retardé pendant longtemps par la faiblesse des rails et des ponts.

Depuis les progrès de la métallurgie, on ne se laisse plus aller à faire des économies sur les rails et les ponts, et ces éléments de la construction des chemins de fer sont traités dans des conditions de sécurité suffisantes pour permettre l'emploi de machines très lourdes, pesant 80 tonnes, et de charges par essieu atteignant 20 tonnes.

A proprement parler, la machine locomotive américaine ne diffère pas de la machine européenne. Ce sont les mêmes dispositions générales, les mêmes organes qu'on retrouve dans les deux familles, mais la différence réside principalement dans l'aspect extérieur, la puissance et l'emploi des matières premières.

La machine américaine ne peut pas être délicate ; le service qu'elle doit faire en hiver, quand les voies sont gelées, au milieu des neiges et des glaces, interdit toute légèreté dans les pièces. Le bas prix auquel il fallait les livrer, la cherté de la main d'œuvre ont forcé à employer des matériaux moins chers. De bonne heure l'acier a prévalu sur le cuivre dans la construction des foyers. Les eaux étaient très pures, les aciers de très bonne qualité, les réparations coûteuses à cause de la main d'œuvre ; aussi le cuivre fut-il rapidement détrôné ; on a vite accepté l'idée de faire durer un foyer tant qu'il était bon et de le mettre au rebut dès qu'il était mauvais, sans chercher à le réparer.

A l'origine le combustible était le bois, ce qui facilitait singulièrement l'emploi de l'acier.

Les combustibles, à bas prix en général, et souvent d'une qualité médiocre ont forcé, dès l'origine de l'emploi du charbon comme combustible, à adopter de grands foyers.

On n'a jamais hésité, dès que le service s'accroissait, à mettre de côté une série de machines pour la remplacer par une série plus puissante ; enfin l'emploi de pièces coulées et moulées est poussé à ses dernières limites. Aussi, pour ne citer que deux exemples, rencontre-t-on en Amérique, d'une manière absolument générale, les pistons en fonte ainsi que les centres de roues, au lieu et place des pistons étampés en fer ou en acier et des roues en fer forgé, d'un emploi général sur le continent.

En Amérique ce qui domine c'est bien plutôt le service de la locomotive ; qu'importe le prix des réparations ? En effet, le chiffre de ces dernières dépenses n'entre que pour une faible part dans le prix de traction ; comme d'un autre côté, le prix de main d'œuvre influe d'une manière importante sur les prix des réparations, on a cherché avant tout à substituer à la réparation des organes avariés d'une machine, leur remplacement par des pièces neuves, ce qui a été obtenu tant par l'adoption

de formes simples que par l'application stricte de l'interchangeabilité.
Nous aurions vivement désiré nous rendre compte des parcours des
locomotives avant leur rentrée aux ateliers en grande réparation, mais il
est tellement difficile de savoir ce qu'on entend par grande réparation,
alors que dans chaque compagnie la valeur de ce mot change, que nous
avons dû y renoncer.

Comme nous l'avons dit déjà, en Amérique on donne d'une façon générale la préférence aux trains très lourds. En effet, dans les limites de
puissance d'une machine, la consommation de charbon par tonne-kilo-
mètre et d'huile par kilomètre de parcours est constante, et il en est à
peu près ainsi des réparations, qui ne sont pas beaucoup plus dispen-
dieuses pour une machine travaillant à plein collier que pour une machine dans laquelle on se tient en dessous de la puissance ; enfin le
personnel représente aussi une constante. Dans ces conditions, le prix
de revient de traction de la tonne utile ne peut que décroître. Aussi aux
États-Unis, sur les lignes en palier, le tonnage des trains atteint-il en
général 1 300 tonnes.

Certainement en Amérique on tire des locomotives tout ce qu'on peut
en tirer, et à l'allure à laquelle elles marchent, avec des admissions
à 50 %, on peut dire que la marche est loin d'être économique au point
de vue de la consommation de charbon, mais dans des régions où le
charbon ne coûte guère que cinq francs la tonne, les frais de combustible
sont si peu élevés que l'augmentation de ce chapitre disparaît devant
l'importance des autres, et en fin de compte le prix de revient de la
tonne kilométrique décroît.

Une autre caractéristique des locomotives américaines est leur flexibilité. Les voies sont médiocres et le seront toujours ; la main d'œuvre
est chère, le ballast, tout au moins sur une grande partie du réseau, est
rare ; enfin des hivers très rigoureux qui viennent congeler le sol jusqu'à une grande profondeur rendent l'entretien impossible pendant une
partie notable de l'année.

Au point de vue des foyers, nous voyons que la ferme est de plus en
plus abandonnée pour la consolidation des ciels de foyers ; les foyers
Belpaire, foyers directement suspendus par des entretoises, enfin les
foyers Wootten, ces derniers destinés à la combustion des menus de
charbons, sont généralement employés dans les constructions neuves,
toutefois sans que l'ancien ciel de foyer à armatures transversales rattachées par des tirants au berceau cylindrique soit abandonné.

Les foyers en acier donnent toute satisfaction. Il est vrai que les ingénieurs américains se placent à un tout autre point de vue que les ingénieurs du continent. Aux États-Unis, et à notre avis à juste titre, on
considère que lorsqu'un foyer a fait dix ans de service, il mérite d'être
remplacé par un neuf ; jusque là on lui demande de fournir le maximum
de travail. En Europe, surtout en France, le but cherché est d'arriver à
faire des foyers et des chaudières qui puissent se rapiécer et durer vingt-
cinq ou trente ans. Nous le répétons, ce système est mauvais, car il
conduit à encombrer les dépôts de machines démodées, ne correspondant plus au trafic et finissant par coûter fort cher, tant en capital de
premier établissement qu'en entretien, tout en ne donnant pas un service satisfaisant. Au contraire, le système américain, qui permet de
mettre à la ferraille les machines après un certain temps de service, conduit les compagnies de chemins de fer à avoir toujours un matériel moderne, construit suivant les derniers progrès, tout en permettant d'abaisser le prix de revient. L'emploi de l'acier pour les foyers, du fer pour
les tubes, de pièces coulées, partout où on le peut, abaisse singulièrement le prix de premier établissement, qui ne dépasse pas 95 cen-
times par kilo, tout en donnant de gros bénéfices aux constructeurs,
tandis qu'avec des prix bien plus élevés, les constructeurs de locomotives en Europe ont peine à ne pas être en perte. On objecte bien
que le cuivre est meilleur conducteur de la chaleur que l'acier, mais
les épaisseurs que l'élévation du timbre des chaudières oblige à donner
au cuivre compensent largement et au delà la médiocre conductibilité de
l'acier, qui peut être employé, même pour les hautes pressions, sous
de faibles épaisseurs.

Nous devons signaler que la chaudronnerie des locomotives est loin
d'être aussi soignée que celle des machines du continent, des machines
françaises principalement ; et les ingénieurs américains ne cachaient
pas leur étonnement de voir le fini que comportent nos chaudières, mais
si on tient compte et d'une part du bas prix de la chaudière américaine,
et du service qu'elle fait, on ne peut s'empêcher de se demander si les
américains ne sont pas dans le vrai, dans le cas particulier où ils se trou-
vent. Comme nous l'avons déjà dit plus haut tous les châssis des locomotives sont en fer carré, nous en avons vu en *acier coulé* provenant des
usines de Krupp à Essen, ces pièces étaient très remarquables. On a
proclamé pour ce modèle de châssis des avantages nombreux, la plus
grande flexibilité, une plus grande facilité pour attacher les pièces du

mouvement etc, etc, nous n'en retiendrons qu'un, et à notre avis, il est considérable, il rend accessible toutes les pièces du mécanisme, les

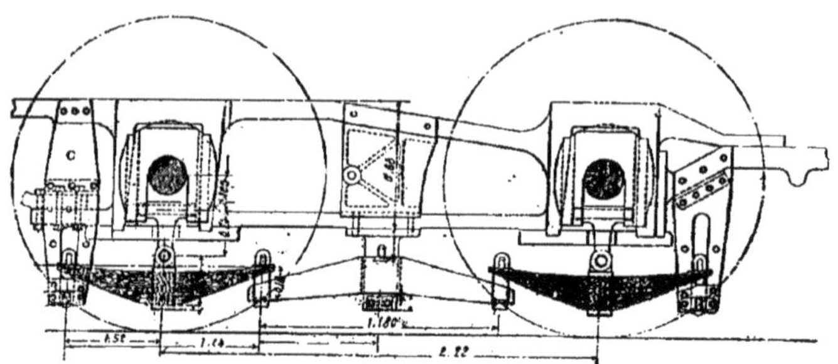

Fig. 1. — Suspension à balancier avec ressorts inférieurs.

boites à graisse, les flancs extérieurs du foyer, en un mot il ne gène ni pour l'entretien ni pour les réparations. Il faut avoir fait un parcours sur une machine américaine après avoir eu l'habitude des machines Européennes pour se rendre compte de la supériorité des machines américaines sous ce rapport, tout est accessible, tout est dégagé, plus de ces énormes longerons qui masquent les pièces à entretenir et à graisser, plus de ces coins obscurs ou tout nettoyage est impossible : on ne saurait trop recommander à nos ingénieurs d'étudier de près ces dispositions si simples et qui facilitent tellement le service. Le longeron carré a un défaut, celui de rétrécir le foyer déjà si étroit des locomotives, mais ce défaut peut être facilement écarté en relevant les chaudières comme les américains

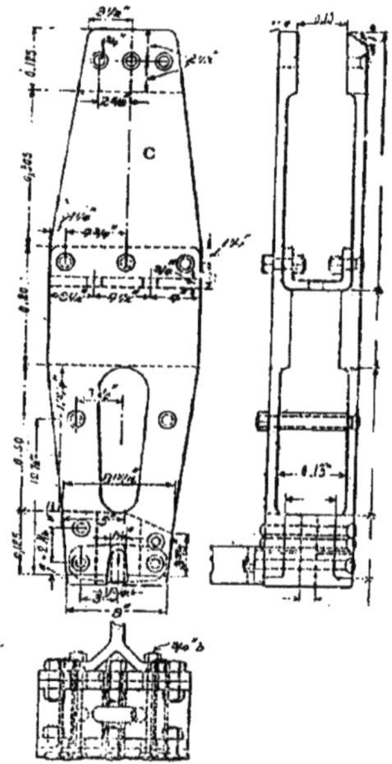

Fig. 2. — Support arrière de la chandelle de suspension arrière.

n'ont point manqué de le faire et, avec un plein et remarquable succès, le foyer alors, vient reposer sur le longeron et peut avoir la même lar-

geur que dans les machines à longeron simple extérieur aux roues. Le
longeron, comme nous l'avons dit est fait en fer carré; on commence aussi
à essayer l'acier coulé, enfin certains constructeurs ont proposé de tirer
le longeron d'une plaque d'acier laminé étiré extérieurement à la forme
générale et découpé à la fraise, mais le prix devient si élevé, qu'on ne
peut donner suite à ce projet.

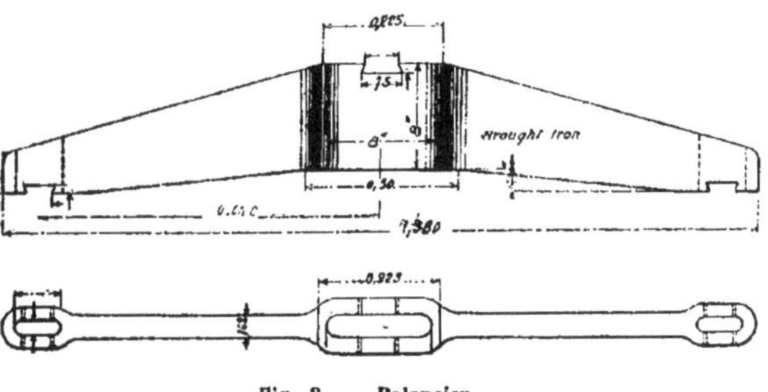

Fig. 3. — Balancier.

Les essieux des locomotives américaines sont tous chargés par l'intermédiaire de balanciers, on va même beaucoup plus loin qu'en Europe,
car le but est non seulement d'obtenir une meilleure répartition de la
charge, mais aussi une plus grande flexibilité, nous donnons ci-joint
(fig. 1, 2 et 3) un type de ces dispositions avec ressorts suspendus,
disposition qui tend à se généraliser.

Les chandelles des ressorts ne sont pas réglables comme en Europe,
une simple clavette passant au travers de la tige vient reposer sur l'extrémité du ressort.

On se demande beaucoup en Amérique, si la présence du balancier
n'est pas nuisible, au passage des joints; mais tout cela et une question
de vitesse, et de résistance des joints, en effet, si un joint s'affaisse, à
faible vitesse, toute la charge de la roue sera supportée par elle, mais si
au contraire la vitesse est grande, il arrive un moment ou le temps nécessaire à la chute de la roue, sous l'action combinée de la pesanteur et
du ressort, et cela d'une hauteur égale à l'affaissement du joint, devient
supérieure, au temps pendant lequel la roue parcourt l'intervalle compris
entre les deux traverses d'un joint.

Au point de vue des contrepoids, les machines américaines sont lar-

gement dotées, non seulement il a fallu équilibrer des pièces plus lourdes en mouvement, l'emploi de la fonte pour les pistons, de crosses vo-
lumineuses, conduisant à des poids plus lourds que ceux auxquels on
arrive en Europe, mais encore, l'emploi de faibles diamètres pour les
roues a conduit à des masses plus considérables; la différence entre les
masses des pièces en mouvement des deux côtés de l'Atlantique, est
énorme, dans les machines de construction classique américaines on
peut admettre le rapport de $\frac{1}{2,38}$.

On se préoccupe beaucoup de cette question, et les ingénieurs de la
voie, ainsi que ceux chargés de la surveillance des ponts, deux services
séparés et avec raison, aux États-Unis, font de grands efforts pour que
les constructeurs américains cherchent à se rapprocher des dispositifs
adoptés sur le continent.

Certainement, toutes les machines américaines ne sont pas entachées
de ce défaut au même titre, mais on peut dire que toutes ont des pièces
en mouvement sont beaucoup plus lourdes qu'il n'est nécessaire; on nous
a cité une locomotive compound a deux cylindres, dont le piston du
cylindre de détente pesait à lui seul 380 kilogrammes; le constructeur,
sans se préoccuper des conséquences donna aux contrepoids la valeur
nécessaire pour équilibrer les pièces dans le plan horizontal, celui qui
préoccupe le plus les américains; le résultat fut désastreux pour la voie,
car, à la vitesse de 90 kilomètres à l'heure, la roue était soulevée
quand le contrepoids était au sommet de sa course, alors que la charge
dépassait 25 tonnes quand il était au bas: ce résultat, facile à prévoir,
ne laisse pas que d'étonner les ingénieurs européens; nous ne pensons
pas qu'une pareille bévue puisse se commettre dans des ateliers du continent.

Nous avons entendu beaucoup d'ingénieurs américains affirmer que
la flexibilité de la voie, due à l'emploi de traverses en bois très rapprochées sans l'interposition de selles ou de coussinets, expliquait seule
que les voies ne fussent pas plus abimées par ces surcharges excéssi-
ves; certainement, le bois finit, lorsqu'il est un peu mâché sous l'action
du patin, par donner un matelas à peu près élastique, mais, pendant
les grands froids de l'hiver, nous doutons que cette élasticité soit bien
efficace.

Les centres de roues sont, en général, en fonte dure moulée; ce sont,
sans contredit, de fort belles pièces aussi légères que possible, eu

égard à la matière employée ; elles sont frettées d'un bandage en acier, sans aucun moyen de fixation.

Les américains proclament, à l'avantage des centres en fonte, de permettre l'emploi de bandage sans autre mode de fixation que le serrage, et ils attribuent cela à la présence d'un centre non flexible qui résiste à la tension du bandage.

Ils sont, nous le pensons, dans la plus grande erreur; s'ils n'ont point besoin de moyen supplémentaire de fixation, c'est qu'ils retirent les bandages bien avant la limite à laquelle nous les poussons ; au contraire, un centre absolument rigide, surtout dans des roues soumises à l'action variable des perturbations dans le plan vertical, étire le bandage comme le ferait un pilon.

Toutefois, nous devons signaler que certaines Compagnies commencent à employer des centres en fer forgé, mais cette industrie n'est pas développée en Amérique, et c'est certainement à cela qu'on doit attribuer la préférence donnée à la fonte.

Nous dirons un mot des tenders, qui sont, d'une manière générale, montés sur deux trucks.

Nous ne saurions, pour notre part, trop recommander cette pratique, qui permet de considérer le tender comme ce qu'il est en réalité, un wagon porteur d'eau et de charbon. En Europe, le tender, on ne sait pourquoi, est traité comme la machine elle-même ; longerons extérieurs souvent doubles ; boîtes à graine ajustées dans des glissières ; suspension à réglage, attelages compliqués, alors qu'en réalité il s'agit du premier véhicule du train, qui n'a besoin d'avoir un attelage spécial que du côté de la machine. Il en résulte que le tender est cher, lourd et rigide, et on voit souvent des tenders chauffer malgré le soin dont ils sont l'objet, alors que leurs essieux de dimensions considérables ne sont guère plus chargés que des essieux de wagon.

La pratique américaine est donc à préférer, puisqu'elle permet d'établir un tender au prix d'un wagon à marchandises, tout en donnant un véhicule meilleur au point de vue du roulement et moins dispendieux à entretenir.

Comme nous l'avons déjà dit, les locomotives américaines sont conduites de manière à en tirer tout ce qu'elles peuvent donner; et, sous ce rapport, on ne saurait trop signaler les charges énormes remorquées par les machines en service journalier ; déjà plus haut, nous avons indiqué cette tendance, mais nous pensons pouvoir encore y revenir une fois. Certainement, dans les conditions où les locomotives travaillent, le rendement en tant que machines à vapeur est loin d'être satisfaisant, mais en tant que *locomotives*, ce qui est tout autre chose, il est excellent, et c'est le but à atteindre. Nous pensons qu'en France, on perd trop de vue ce côté de la question, côté purement pratique, et que, trop amoureux de la science académique, on néglige trop le côté terre à terre, mais positif ; le but d'un chemin de fer n'est point d'avoir de belles locomotives donnant des diagrammes économiques, de belles voies bien entretenues, des voitures incommodes, théoriquement correspondant au maximum d'utilisation du poids mort, mais bien d'arriver à donner le maximum de confort, et le maximum de vitesse, avec le minimum de dépenses.

Dans le chapitre consacré aux véhicules, nous verrons quel confort inconnu en Europe et surtout en France, est de règle en Amérique ; à quel bas prix ce confort est donné, quelles sont les vitesses réalisées. Mais aujourd'hui, où nous ne parlons que de la locomotive, nous dirons que les Américains ont su obtenir avec leurs machines, ce que l'exploitation demandait, des trains rapides et lourds, c'est-à-dire des trains pesant 250 tonnes sans la machine, à la vitesse de 80 kilomètres à l'heure, et de 450 tonnes pour les trains marchant à 60 kilomètres à l'heure, et cela sur des voies plus que médiocres, ayant coûté fort peu de capital de premier établissement, et dont l'entretien est réduit au minimum.

On objectera qu'il y a des accidents fréquents, mais, si on tient compte de l'énorme réseau des Etats-Unis, du mouvement considérable de voyageurs qui, attirés par le confort des trains et la modicité des tarifs, circulent beaucoup plus qu'en Europe, on se rendra compte que les accidents ne sont pas sensiblement plus nombreux qu'en Europe, et qu'ils résultent en grande partie de l'insouciance étonnante des Américains dans tout ce qui regarde la vie humaine qui, là bas, est un facteur peu important.

Au point de vue de la production de vapeur, les chaudières des locomotives sont poussées à une limite dont nous n'avons pas idée. En Europe, on considère comme anormal de brûler plus de 250 à 275 kilogrammes de charbon par mètre carré de surface de grille, alors qu'en Amérique, on atteint 600 kilogrammes, consommation qui, sur le continent, n'est atteinte que dans les chaudières de torpilleurs. Mais il ne faut pas croire que cette consommation énorme corresponde à une augmentation proportionnelle dans la vaporisation ; à cette allure, les chaudières de locomotives américaines ne donnent pas plus de 5 k, 500 d'eau par kilogramme de combustible consommé ; ce serait peu si on ne tenait pas compte de la nature du combustible, bien inférieur, en général, à celui qu'on emploie en Europe, au moins comme terme de comparaison. Avec des charbons anglais, la production de la chaudière américaine serait de 6 k, 75 par kilogramme de charbon consommé ; il n'en résulte pas moins une vaporisation de 3 200 kilogrammes d'eau par mètre carré de surface utile de grille et par heure. Ces résultats, si élevés qu'ils puissent être, ne nous en ont pas moins été présentés par les ingénieurs les plus sérieux, sinon comme très courants, tout au moins comme représentant une pratique assez souvent suivie.

Cette consommation de charbon n'a qu'une influence limitée sur le prix de revient de la tonné kilométrique des trains.

Si nous comparons deux trains, un de 220 tonnes conduit suivant les errements adoptés en Europe et un train Américain de 400 tonnes marchant tous les deux à la même vitesse, on obtient le tableau comparatif suivant, qui est fort instructif:

CONTINENT	POIDS total du train	CONSOMMATION par tonne kilométrique totale du train	CHARBON consommé par mètre carré de grille	EAU vaporisée par kilog. de charbon à 100°	CHARBON par tonne de wagons à voyageurs
Europe . .	220ᵗ	35 gr.	260 kil.	8ᵏ,540	54 gr.
Amérique .	400ᵗ	45 gr.	490 kil.	5ᵏ,89	57 gr.

On voit que la consommation des charbons rapportée à la tonne kilométrique ne croît que de 5 % environ. Nous allons donner, à titre de comparaison, les poids morts des trains, en faisant remarquer que le confort est proportionnel au poids par unité de place.

CONTRÉE	TYPE de wagons	NOMBRE de roues	POIDS à vide	NOMBRE de place	POIDS MORT de voiture par place	POIDS MORT de train par place
Europe . .	1ʳᵉ classe	4 ou 6	14ᵗ,500	30	450 k.	740 k.
Amérique . {	1ʳᵉ classe	8	27 ton.	62	425 k.	810 k.
	sleeping	12	45 »	28	1500 k.	2500 k.

D'autres motifs conduisent à accroître le poids des trains. On peut dire que la nuit, tout le monde voyage en sleeping, à moins qu'il ne s'agisse de très petits parcours ; le jour, les trains comportent en général un dining car; pratique qui se régularise tous les jours.

Les Américains, tout en accroissant le diamètre de leurs roues restent fidèles à l'emploi des roues de dimensions moyennes ; le diamètre de 2 mètres n'est presque jamais dépassé, et même n'est pas généralement atteint; cela tient au poids des trains, qui nécessitent un effort de traction considérable au démarrage, et un effort non moins élevé pour porter rapidement la vitesse à la vitesse normale du train. Lorsqu'il s'agit de trains légers, on entend par ce mot des trains de 250 tonnes, devant marcher à 85 kilomètres à l'heure, il faut bien admettre des roues plus grandes. C'est ce qu'a fait le *New-York Central* dans le magnifique type que nous examinerons plus loin ; dans cette machine, les roues ont $2^m,14$ de diamètre, et la charge sur les deux essieux accouplés atteint 40 tonnes.

Pour les trains marchant de 60 à 65 kilomètres à l'heure, c'est la machine à dix roues, dont six accouplées et quatre sous un truck, qui a de beaucoup la préférence ; les roues ont de $1^m,500$ à $1^m,750$ de diamètre; le poids adhérent atteint de 50 à 54 tonnes ; ces machines sont fort appréciées, car elles peuvent également servir à la traction des trains de marchandise, ce qui est souvent nécessaire sur les lignes de l'Ouest, où le trafic voyageur n'est pas assez développé pour permettre l'utilisation complète des deux séries de locomotives.

Nous signalerons que les injecteurs Gresham, pour l'emploi du sable, ne sont pas encore entrés dans la pratique en Amérique; du reste, il faut remarquer que les machines américaines étant plus lourdes à effort de traction égal que les machines européennes, ont moins de tendance à patiner.

Enfin, nous signalerons le développement des machines compound, qui a suivi le mouvement qui s'est produit en Europe. Cependant, en Amérique, moins encore qu'en Europe, les résultats n'ont été très concluants : la locomotive américaine est trop loin de l'utilisation théorique de la vapeur pour que l'emploi du système compound puisse donner des résultats indiscutables. Ce n'est pas quand des machines marchent à plein collier, avec des admissions considérables, qu'on peut espérer voir l'emploi de la disposition compound donner une économie, surtout lorsque l'on ne veut pas réduire la charge. Les ateliers Baldwin ont préconisé le système Vauclain, dont nous donnons la description plus loin; cette disposition ne complique pas beaucoup les machines; mais on peut se demander si cette disposition est bien efficace, et il nous semblera toujours plus logique, quand on est condnit à avoir quatre cylindres, de les reporter sur l'arbre moteur, de manière à combattre les perturbations dues aux pièces en mouvement.

Les États-Unis, la France, l'Allemagne et l'Angleterre sont les seules nations ayant exposé des locomotives; l'exposition des machines américaines étant surtout intéressante pour nos lecteurs, nous passerons rapidement sur les machines européennes pour réserver toute notre attention aux machines construites de l'autre côté de l'Océan.

La France avait exposé quatre machines, dont deux pour les trains de vitesse, et deux destinées au trafic de banlieue.

Machines du Nord Français
(Planches 1-2 et 3-4)

Le chemin de fer du Nord présentait la machine de beaucoup la plus intéressante, le type compound à quatre cylindres, à boggie à l'avant, qui parait en ce momeut être le point de départ des machines à grandes vitesses en étude sur les grandes lignes françaises. Admirablement exécutée, très étudiée, cette machine a attiré l'attention soutenue des ingénieurs Américains. Cette belle locomotive, due aux études de M. du Bousquet, ingénieur en chef du matériel et de la traction du chemin du Nord, a été exécutée d'une manière remarquable, par la Société alsacienne de Constructions mécaniques. La machine est à quatre cylindres; les cylindres d'admission sont extérieurs et en arrière du boggie, tandis que les cylindres de détente sont intérieurs et au-dessus du boggie. Cependant, les tiroirs des grands cylindres sont accessibles de l'extérieur, de manière à en rendre la visite plus facile; la vapeur sortant des petits cylindres passe dans un réservoir intermédiaire, fondu d'une seule pièce avec les grands cylindres et qui leur est commun.

Les deux essieux arrière sont couplés et commandés : l'essieu d'arrière par les cylindres à haute pression; l'essieu du milieu, qui est coudé, par les cylindres à basse pression, les roues de cet essieu sont munies d'un injecteur à sable Gresham.

Au lieu de mettre les manivelles de chaque cylindre de haute pression à 180° par rapport au cylindre à basse pression placé du même côté que lui, ainsi que l'équilibre des pièces le demanderait, on a préféré les caler à 160° l'un par rapport à l'autre, de manière à ce que dans les démarrages, il y ait toujours un des quatre cylindres admettant directement la vapeur. Toutefois, ce dispositif n'assure pas le démarrage parfait, car la contre-pression dans les petits cylindres, quand la vapeur est admise directement dans les grands, vient réduire considérablement l'effort de traction. Pour obvier à cet inconvénient, on a placé sur le tuyau d'échappement de chaque petit cylindre un robinet à trois voies qui permet de diriger l'échappement de la vapeur directement dans la cheminée; ce dispositif indiqué dans les planches de l'atlas (fig. 9, 10, 11, 12), fonctionne, parait-il, fort bien, grâce à certaines précautions; l'accouplement des tuyaux d'échappement avec les robinets mentionnés plus haut est fait au moyen de presses-étoupe à garnitures métalliques; les tiges de commande des robinets sont réunies par un même mouvement qui, lui-même est mis en action par un petit cylindre dans lequel le mécanicien peut admettre de la vapeur, soit dans un sens, soit dans l'autre; la manœuvre est donc ainsi toujours assurée dans de bonnes conditions de rapidité; avec l'admission directe dans les quatre cylindres, la pression dans les grands cylindres, étant limitée à 6 kilogrammes par centimètre carré, l'effort de traction peut atteindre 10 000 kilogrammes.

La machine peut donc être mise en marche de quatre manières différentes : en compound, en machine à quatre cylindres indépendants, en machine à deux cylindres intérieurs, en machine à deux cylindres extérieurs, si l'appareil moteur de l'essieu du milieu, ou de l'essieu d'arrière, venaient à être avarié.

La chaudière est timbrée à 14 kilogrammes, le foyer est muni d'une voûte en brique, et la surface de chauffe directe est de $10^{mq},87$. Le corps cylindrique est pourvu de trois viroles télescopiques, la plus petite étant à l'arrière de manière à laisser le plus de place possible au-dessus de l'essieu coudé; les soupapes placées sur la boîte à vapeur sont du type Ramsbottom, les tôles, en fer ont 18 millimètres d'épaisseur.

Chaque groupe de cylindres est commandé par une distribution indépendante du système Walschaërt ayant chacune un changement de marche à vis spéciale, un seul volant est monté sur la vis du changement de marche des grands cylindres (fig. 7 et 8), il est fou sur l'arbre de cette vis mais peut en être rendu solidaire au moyen d'un enclanchement, le volant commande le changement de marche des petits cylindres par l'intermédiaire d'un pignon et d'une roue dentée.

Les longerons qui ont 28 millimètres d'épaisseur sont entretoisés à l'avant par les cylindres de détente et par une entretoise en acier coulé qui, tout en donnant une base d'appui aux cylindres à haute pression sert en même temps de support des glissières des cylindres de détente.

Le boggie est à longerons extérieurs sans jeu latéral, du type employé depuis longtemps à la Compagnie.

L'essieu coudé du type de Worsdell possède des plateaux circulaires formant les bras du coude, la machine est munie du frein à vide et porte deux éjecteurs. Le tender portant 14 mètres cubes d'eau et quatre tonnes de charbon repose sur six roues; l'attelage du tender à la machine est obtenu au moyen d'une barre d'attelage rigide et de deux tampons à ressorts spirales.

Les dimensions principales sont les suivantes :

Longueur de la boîte à feu	2^m,013
Largeur de la boîte à feu.	1 ,012
Hauteur de la boîte à feu avant.	1 ,725
Hauteur de la boîte à feu arrière	1 ,455
Diamètre moyen du corps cylindrique.	1 ,260
Epaisseur des tôles	0 ,018
Hauteur du centre de la chaudière.	2 ,242
Tubes : nombre.	202
— Diamètre	0 ,045
— Epaisseur	0 ,0025
— Longueur entre plaques	3 ,900
Surface de chauffe du foyer	10 ,87
Surface de chauffe des tubes.	98 ,98
Timbre de la chaudière	14^k
Pression maxima dans les grands cylindres.	6^k
Largeur entre les longerons	1^m,250
Epaisseur des longerons	0 ,028
Diamètre des roues du truck.	1 ,04
Diamètre des roues motrices.	2 ,114
Empattement total	7 ,330
Diamètre des petits cylindres.	0^m,340
Distance d'axe en axe des cylindres.	2 ,070
Course	0 ,64
Diamètre des cylindres de détente	0 ,580
Distance de centre en centre.	0 ,570
Course	0 ,640

Rapport des volumes. . . . .   2 ,420
Effort de traction maxima 7ᵗ,847
—   —   au démarrage . . . . . .   10.000 kil.
Effort moyen en service. . . . .   5.000 »
Poids à vide 43ᵗ,800
Poids en ordre de marche. . . . .   47 ,800
Poids sur le truck . . . .   17 ,300
Poids sur l'essieu moteur N . . . .   15 ,350
Poids sur l'essieu moteur Aᵗ . . . .   15 ,150

TENDER

Diamètre des roues 1ᵐ,247
Contenances : eau. . . . .   14 mèt. cub.
—   combustible . . . .   4 tonnes
Poids du tender vide. . . . .   15 »
Entre axe extrême de la machine attelée au tender.   13ᵐ,360
Longueur de tampons en tampons . . . . . .   16 ,440

Locomotive à grande vitesse n° 2609 des chemins de fer de l'Etat français
(Planche 10-11)

Les conditions principales d'établissement de cette locomotive, construite à Lille dans les ateliers de la Compagnie de Fives-Lille, sont les suivantes :

Poids à vide . . . .   43ᵗ ,000
— de l'eau et du charbon . . . .   4 ,000
— de la machine en ordre de marche . . .   47 ,000
— sur l'essieu avant . . . .   13 ,000
— sur l'essieu moteur . . . .   14 ,600
— sur l'essieu accouplé. . . . .   14 ,300
— sur l'essieu d'arrière. . . . .   5 ,100
Volume de l'eau. 3ᵐ³,777
Volume de vapeur . . . .   2 ,154
Poids adhérent . . . .   28ᵗ ,900
Diamètre moyen de la chaudière . . . . . .   1ᵐ ,230
Nombre de tubes.   158
Diamètre des tubes (intérieur). . . . . . .   0ᵐ ,045
Longueur des tubes. . . . .   4 ,961
Pression (timbre de la chaudière). . . . . .   13 kil.
Surface de chauffe de la boîte à feu 9ᵐ²,4500
—   —   des tubes (intérieur). . . .   110 ,8200
—   —   totale . . . .   120 ,2800

Surface de la grille	1 ,9200
Diamètre des cylindres	0ᵐ ,440
Course du piston	0 ,650
Diamètre des roues couplées	2 ,020
— des roues AV	1 ,320
— des roues AR.	1 ,120
Écartement total des roues	6 ,000
Longueur totale de la machine	10 ,163
Largeur totale de la machine	2 ,760

Le réseau de l'État possède 12 machines à grande vitesse du type qui a servi de base à l'étude de la machine exposée. Ces machines, d'un entretien peu coûteux, consomment seulement en moyenne 8ᵏ,746 de combustible par kilomètre de train, 67ᵏ,5 par 1 000 tonnes kilométriques sur des lignes qui comportent de nombreuses rampes de 15 millimètres.

Elles assurent un excellent service ; l'Administration s'est cependant trouvée dans la nécessité d'étudier une machine plus puissante, par suite de la brusque augmentation du poids des trains express occasionnée par l'ouverture de la ligne de Paris à Bordeaux par Chartres et Saumur. Ce poids atteint souvent, en effet, et dépasse 180 tonnes, non compris la machine et son tender. Au-delà, on est obligé d'utiliser la double traction que l'emploi du nouveau type devait permettre d'éviter tant que la charge à remorquer ne dépasse pas 250 tonnes environ.

Les principales modifications apportées au type primitif en vue de cette augmentation de puissance sont les suivantes :

Augmentation du timbre de la chaudière, qui a été porté de 9 à 13 kilogrammes;

Augmentation de la surface de la grille, qui a été portée de 1ᵐˢ,3372 à 1ᵐˢ,92;

Addition d'un essieu porteur à l'arrière ;

Adoption de la distribution A. Bonnefond.

Les nouvelles machines du type de celle qui est exposée remplissent complètement les conditions posées au point de vue de l'augmentation de puissance, et leur consommation par 1 000 tonnes kilométriques remorquées, s'est même trouvée légèrement abaissée par rapport aux anciennes machines.

Ce résultat doit surtout être attribué à l'augmentation de pression de la vapeur dans la chaudière, et l'emploi de la distribution A. Bonnefond.

Dans cette distribution (Pl. 10-11), la coulisse ne sert absolument qu'au changement de marche; la variation de la détente est indépendante.

La coulisse A reçoit son mouvement d'un excentrique B et le transmet par l'intermédiaire de la barre C, à un balancier D qui commande deux tiroirs d'admission et deux tiroirs d'échappement.

Les tiroirs d'admission sont montés sur des tiges E munies de pistons de rappel qui déterminent, sous pression, la fermeture automatique de l'admission.

Les tiges des tiroirs d'admission sont commandées par des cliquets articulés FGH actionnés par le balancier D. La touche H du cliquet repousse le tiroir de la boîte d'admission et découvre ainsi l'orifice d'introduction.

La période d'admission dure jusqu'au moment où la partie F du cliquet articulé est heurtée par un taquet hélicoïdal. Ce cliquet tourne alors autour de son axe G, et le tiroir, rappelé par l'action de la vapeur, revient brusquement à sa position primitive et ferme l'orifice.

Il suffit donc d'avancer ou de retarder le moment du choc du taquet sur la partie F du cliquet articulé pour diminuer ou pour augmenter la durée de l'introduction, et par suite, obtenir la détente variable. On obtient ce résultat au moyen d'un arbre de détente I sur lequel sont calées deux parties d'hélice JJ à pas contraire.

L'arbre I reçoit de la crosse du piston un mouvement de va-et-vient horizontal pendant lequel les deux cliquets sont alternativement heurtés par la surface des hélices.

Pour une position donnée de l'hélice, la durée de la période d'admission résultant du déclanchement de la tige E du tiroir est donc constante. Elle devient variable, ainsi que la détente, si l'on donne à l'arbre I un mouvement de rotation qui éloigne ou qui rapproche le point de butée des cliquets articulés.

Ce mouvement de rotation est déterminé par un pignon K monté sur l'arbre I, et qui reçoit son mouvement d'un secteur denté L, commandé par une barre de détente M dont l'extrémité est à la portée du mécanicien.

Le mouvement alternatif des pistons-tiroirs d'échappement est réglé une fois pour toutes, quelle que soit la position des tiroirs d'admission.

PERIODES DE LA DISTRIBUTION

	Avance linéaire à l'admission.	6 m/m
Conditions	Contre-vapeur en centième de course . .	1 1/2 0/0
constantes, quel	Avance à l'échappement (linéaire) . . .	15 m/m
que soit	— — (en centième de course)	5 3/4 0/0
le cran de marche.	Compression.	7 1/2 0/0
	Durée de l'échappement	96 1/2 0/0
Admission variable à volonté.		0 à 80 0/0

Théoriquement, la distribution Bonnefond, comme le système Corliss et ses dérivés appliqués aux machines fixes, permet de profiter des avantages de la marche à grande détente sans laminage de vapeur; on pouvait donc compter avec certitude sur une certaine économie de combustible, à la condition toutefois que le mécanisme, forcément moins simple que celui de la distribution ordinaire, résiste à la fatigue excessive à laquelle sont souvent soumis les différents organes des locomotives.

Ce dernier point a été préalablement élucidé en adaptant la distribution Bonnefond à une machine en service. Cette machine avait parcouru au 20 janvier dernier 204 234 kilomètres depuis sa transformation; antérieurement, son parcours atteignait déjà 221 457 kilomètres.

Pour pouvoir la comparer utilement avec les autres machines de même type et construites en même temps, on n'y a apporté aucune autre modification que le remplacement de la distribution, qui était du système Walschaert, par la distribution à déclic.

Le tableau page 19 montre les résultats obtenus avec cette machine en regard de ceux donnés par les machines du type primitif faisant le même service.

Dans la période considérée, on n'a remplacé aucune des pièces de sujétion, notamment les taquets de déclenchement et les touches des tiges de tiroirs; il ne s'est produit aucune détresse, aucun incident de route, et il a été reconnu que la caractéristique de cette machine est la facilité avec laquelle elle atteint les grandes vitesses.

Ce n'est donc qu'après avoir obtenu la certitude du bon fonctionnement de la distribution A. Bonnefond, que l'application en a été faite à 8 machines semblables à la machine exposée, qui n'a d'ailleurs été envoyée à l'Exposition de Chicago qu'après avoir parcouru 12 000 kilomètres. Cet essai intéressant de l'emploi d'une détente meilleure et d'une distribution plus rationnelle au moment où tous les efforts sont dirigés vers la machine compound fait, le plus grand honneur à M. Parent l'ingénieur en chef du Matériel et de la Traction des Chemins de fer de l'Etat.

	CHARGE MOYENNE remorquée	COMBUSTIBLE consommé		GRAISSAGE	MINUTES GAGNÉES	DÉPENSES d'entretien	
		par kilom. de train	par 1000 tonnes kilométriques			du 21 avril au 31 décemb. 1891	du 1er janvier au 20 juillet 1892
	tonnes	kilogr.	kilogr.	kilogr.	min.	francs	francs
Machine 2080 à distribution Bonnefond	127.5	8.179	64.1	13.1	6223	825.41	607.79
Autres machines .	124.7	8.883	71.2	13.1	3622	1117.43	754.18
Différence. . .	»	— 0.704	— 7.1	»	+2601	— 292.02	-- 148.39
Différence %. .	»	— 7.9	— 9.97	»	+71.8	— 26 13	-- 19.09

Machines-tenders de l'Ouest et de l'Orléans (France)

Nous ne donnerons pas d'indications sur les machines de l'Orléans et de l'Ouest, qui destinées à des services de banlieue ne présentent point un intérêt particulier, signalons toutefois le dispositif qui permet dans la machine de l'Orléans d'envoyer la vapeur de l'échappement dans les soutes à eau pendant la passage dans les souterrains, la machine étant en effet destinée à pénétrer sous les rues de Paris en suivant le nouveau tracé de la ligne de Sceaux.

Machines Anglaises

Les machines anglaises étaient au nombre de trois, car nous ne pouvons considérer la machine du « Canadian Pacific » comme une machine anglaise, elle est de type, de construction et de nature absolument américaine.

Une de ces machines est une des machines à grande vitesse de la voie large. Cette machine qui a plus de quarante années de service appartient à ces séries si remarquables qui, déjà à une époque très éloignée donnaient des vitesses énormes sur la ligne de Londres à Exeter. C'est un beau modèle de l'ancienne fabrication anglaise.

Locomotrice Winby (pl. 5, 6, 7, 8 et 9). — Une seconde machine, dont nous donnons une série de dessins, n'appartenait à aucune Compagnie. Fort peu recommandable, ce type nous a semblé pouvoir intéresser nos lecteurs par la singularité de certaines dispositions. C'est une machine à quatre cylindres indépendants. On peut difficilement comprendre que du moment ou on était conduit à adopter quatre cylindres, on n'ait pas appliqué le système compound. Nous signalerons la disposition du foyer, qui pourrait peut-être recevoir des applications plus légitimes dans les chaudières marines.

Enfin le *London and North Western* avait exposé une machine compound à trois cylindres du système Weeb. Cette machine se fait remarquer par plusieurs singularités absolument nouvelles dans la construction des locomotives; en dehors de toute appréciation sur le système, nous devons signaler l'admirable fini de cette machine, qui était un très bel exemple de la construction soignée anglaise (pl. 12, 13, 14, 15 et 16).

Bien que cette machine soit connue, nous croyons devoir donner des planches rappelant les dimensions principales et indiquant la disposition très nouvelle de la chaudière avec chambre de combustion au milieu du corps cylindrique:

H P. Cylindre (diamètre)	0^m,381
Course	0 ,6096
Lumière d'admission	0^m,279 $\times$ 0^m,0412
— d'échappement	0 ,279 $\times$ 0 ,127
Course maximum des tiroirs	0 ,101
Recouvrement	0^m,0238
Écartement d'axe en axe des cylindres	1 ,981
ß P. Cylindre (diamètre)	0 ,772
Course	0^m,6096
Lumière d'admission	0 ,508 $\times$ 0,0825
— d'échappement	0 ,508 $\times$ 0,146
Course du tiroir	0 ,1397
Recouvrement	0 ,0254

Bielles motrices C. H. P. longueur . . . . .   2 ,514
Bielles motrices C. B. P. longueur. . . . . .   1 ,905
Diamètre des tiges des pistons H P . . . . .   0 ,0685
—   --   — B P . . . . .   0 ,1397
Longerons . . . .   acier.
Épaisseur 0m,0254
Écartement . . . .   1 ,219
Longueur totale . . . .   9 ,887
Largeur en dehors des marchepieds . . . .   2 ,311

ROUES

Diamètre des roues porteuses 1m,222
Diamètre des roues N et R motrices . . . .   2 ,160
Entre axe des roues N motrice et R motrice . .   2 ,565
Entre axe des roues R et R motrice . . . .   2 ,514
Entre axe des roues R et R . . . .   2 ,133
Entre axe total. . . . .   7 ,212

Les ressorts des essieux moteurs sont en spirale.

CHAUDIÈRE

Longueur du corps cylindrique 5m,533
Diamètre moyen. . . . .   1 ,295
Longueur de la boîte à feu . . . .   2 ,082
Profondeur du foyer au-dessous du centre de la
    chaudière. . . . .   1 ,557
Épaisseur des tôles du corps cylindrique de la
    chambre de combustion et de la boîte à feu. .   12m/m,7
Épaisseur du cuivre du foyer . . . .   12 , 7
Épaisseur de la plaque tubulaire (cuivre). . . .   25 millim.
156 tubes en laiton entre le foyer et la chambre de
    combustion : longueur 1m,778
    et 156 tubes en acier : longueur . . . . .   3 ,073
Diamètre des tubes en acier. . . . .   54 millim.
Hauteur du centre de la chaudière au-dessus du rail.   2m,400

    Surface de chauffe :
Boîte à feu. 10mq,203
Chambre de combustion. . . . .   3 ,632
Tubes — N 81m,287
Tubes — R . . . .   46 ,07
Surface totale. 152mq,126
Surface de grille . . . .   1 ,900

    Charges sur les roues :
Essieu R. . . . .   18 tonnes

Essieu moteur A_1 . . . . $15^t,600$
Essieu moteur A_2 . . . . $15\ ,600$
Essieu A_3 . . . . $8\ ,400$
Poids total. . . . . 52.600 kilog.

Cette machine est destinée à faire un service de train express très chargé entre Londres et Carlisle. Elle est attelée au tender adopté pour les autres machines. Ce tender est muni d'une prise d'eau automatique.

Nous laisserons de côté les machines allemandes et les autres machines anglaises exposées pour aborder les machines américaines proprement dites. Parmi celles-ci, la machine exposée par le Canadian Pacific, bien qu'anglaise de nationalité, est américaine comme construction, comme type et comme exécution, nous l'avons déjà dit (pl. 15-16).

Cette très belle machine est destinée à remorquer les trains de voyageurs sur le Canadian Pacific qui relie Vancouver à Montréal et à l'Océan ; un service très rapide et très confortable est assuré entre Vancouver, le Japon et Hongkong, et la Compagnie du Canadian Pacific fait les plus louables efforts pour détourner le trafic de l'Extrême-Orient à son profit.

La machine est du type six roues accouplées de $1^m,752$ de diamètre et possède un truck à quatre roues, le tableau ci-après donne les dimensions principales.

On remarquera que la boîte à feu est au-dessus de l'essieu arrière, et qu'elle descend entre les longerons. Comme ceux-ci sont en fer carré, la grille se trouve très réduite à largeur. Le jette-feu est à l'arrière, ce qui doit être peu commode pour décrasser le feu en route. La suspension du ciel du foyer est mixte, à entretoise à l'arrière, avec fermes transversales rattachées au dôme, suivant l'ancien système américain, pour la partie avant.

Cette machine a été étudiée par M. Beston, ingénieur des locomotives du Canadian Pacific.

Le prix de revient de ce type de machine ne dépasse pas 914 francs les 1 000 kilogrammes, ce prix pour certains types de machines Moguls s'abaisserait à 770 francs. Ces prix sont très bas et ne s'expliquent que par l'emploi de matières premières à bas prix et au poids des différents éléments ; les roues sont en fonte ainsi que beaucoup de supports, qui, en Europe, se feraient en fer ou en acier pour avoir plus de légèreté ; les foyers sont en acier, etc.

Mais il faut ajouter que ces machines font un excellent service sur des lignes difficiles, médiocrement entretenues ; pendant l'hiver, elles supportent des fatigues considérables par suite de l'abondance des neiges coïncidant avec une température descendant souvent à 40° au-dessous de zéro. Une machine plus légère, plus délicate, n'assurerait certainement pas aussi bien le service :

DIMENSIONS PRINCIPALES :

Cylindre (diamètre). . . . .   482 millimètres.
Course   600   —
Distance des cylindres d'axe en axe . . . . . $2^m,184$
Lumière d'admission : longueur . . . . . .   457 millimètres.
    —   —   largeur. . . . . . . $42^{m/m},8$
Lumière d'échappement : longueur. . . . . .   457 millimètres.
    —   —   largeur. . . . . . $91^{m/m},7$
Diamètre des tiges du piston . . . .   92 millimètres.
Longueur des bielles motrices. . . . . . . $2^m,844$

Portée du bouton de manivelle :

Longueur . . . .   146 mill.
Diamètre   120   »
Tiroirs . . . .   équilibrés système Delancey
Roues accouplées nombre   6
Diamètre au roulement . . . . $1^m,752$
Roue du truck nombre   4
Diamètre au roulement . . . .   762 mill.
Nature . . . .   disques pleins en fer forgé de Krupp

Truck à déplacement latéral contrôlé par des ressorts
    en antagonisme dans le plan horizontal :

Empattement rigide du truck . . . . $2^m,057$
    (le premier essieu accouplé N n'a pas de boudin)
Entre axe des essieux accouplés . . . . . .   4 ,088
Entre axe des essieux du truck . . . . . .   1 ,602
Entre axe total de la machine . . . . . .   6 ,960
Entre axe total machine et tender. . . . .   16 mètres
Epaisseur des longerons. . . . .   95 millim.
Timbre de la chaudière . . . . $12^k,600$
Longueur du corps cylindrique. . . . . . $3^m,822$
Diamètre extérieur . . . .   1 ,473
Épaisseurs des tôles du corps cylindrique . . .   14 millim.
    —   de la plaque tubulaire . . . . . . $12^{m/m},7$
    —   de la boîte à feu parois latérales . . .   11 millim.
    —   —   parois arrières . . .   14   »
    —   parois du foyer, latérales . . . . . $9^{m/m}.6$
    —   —   du ciel du foyer . . . . .   9 ,5
    —   —   de la paroi arrière . . . . .   7 .5

Longueur intérieure du foyer . . . · . . . .   2^m,616
Largeur intérieure du foyer à la grille . . . .   889 millim.
Largeur intérieure au ciel du foyer . . . . .   1^m,371
Nombre de tubes   155
Diamètre extérieur . . . .   63 millim.
Tubes acier, type. . . . .   Serve
Longueur des tubes . . . .   3^m,915
Surface de chauffe des tubes . . . . . .   121^{m}77
   — de la boîte à feu. . . . .   13 ,37
   — totale. . . . .   135 ,04
Surface de grille . . . .   2 ,36
Poids en ordre de marche sur le truck . . . .   12^t,200
   —   —   — sur les roues accouplées.   44 ,300
Total . . . .   56 ,500

TENDER

Contenance : eau. . . . .   12 mètres cubes
   — charbon . . . .   10 tonnes
Poids à vide . . . .   18 »
Longerons du tender. . . . .   chêne
   — des trucks . . . .   fer forgé
Roues. . . . .   Disques pleins en fer Krupp
Diamètre des roues . . . .   1^m,016
Bandages . . . .   acier Siemens-Martin

Ateliers de construction de locomotives de Schenectady,
NEW-YORK.

Ces puissants ateliers avaient exposé toute une série de locomotives très intéressantes tant par leur exécution que par leur puissance.

Nous décrirons la plupart d'entre elles, mais nous croyons devoir commencer par le type à dix roues, tant parce qu'il se rapproche de la machine Canadienne, que parce que c'est le modèle le plus en faveur aux États-Unis en ce moment, préférence très justifiée par la puissance que possèdent ces machines.

Machine 10 roues du Chicago and North Western Ry
(Pl. 19 et 20.)

Les chaudières et le foyer sont en acier, les vérifications pour les tôles sont très sévères et imposés par la *Compagnie du Chicago and*

North Western, à laquelle la machine est destinée, l'allongement fixé à 25 % pour le corps cylindrique est porté à 28 % pour les tôles du foyer ; en dehors des essais à la traction, les tôles subissent des épreuves d'emboutissage très sévères.

La chaudière porte une boîte à fumée allongée, les tôles du corps cylindrique ont 15 millimètres d'épaisseur pour résister à une pression de 12 kilogrammes par centimètre carré, avec un diamètre de 1ᵐ,524 ; les tubes sont en fer au bois, ont 45 millimètres de diamètre extérieur et une longueur de 3ᵐ,810 entre les plaques ; les tubes sont enveloppés à chaque bout par une bague en cuivre rouge, interposée entre le tube et les plaques, contre lesquels ils sont mandrinés. Il est à remarquer que les tubes aux États-Unis ne sont presque jamais bordés en collerettes, aussi est-ce à titre d'exception que nous avons remarqué cette disposition sur cette machine.

Des tirants complètent la liaison entre les deux plaques tubulaires.

La boîte à feu est entretoisée dans toute son étendue avec le foyer par des entretoises en fer doux de 25 millimètres, disposées dans une direction sensiblement normale au foyer, seules, les deux premières rangées du ciel du foyer sont disposées de manière à permettre la dilatation de la plaque tubulaire.

Le foyer qui descend entre les deux derniers essieux est compris entre les longueurs en fer carré de 0,10 de côté, ce qui donne à la section verticale du foyer, perpendiculairement à l'axe, une forme en violon très prononcée.

Les cylindres sont en fonte au bois à grain serré ; ils sont, comme dans la plupart des machines construites en Amérique, interchangeables ; ils sont graissés par un graisseur automatique placé sous l'abri du mécanicien, disposition fréquente, car les froids intenses subis dans le Nord de l'Amérique gèlent les matières lubrifiantes dans les tubes conducteurs, même quand ils sont placés sous l'enveloppe de la chaudière, lorsque le réchauffage n'est pas continu.

Les souches des pistons sont en fonte et très lourdes, chose singulière les tiges sont en fer de Suède au lieu d'acier, elles ont 89 millimètres de diamètre et sont réunies à la souche par un cône et un écrou ; les garnitures sont métalliques et à déplacement système David qui donne des résultats excellents et qu'il serait à souhaiter de voir employer en France, comme certaines compagnies anglaises le font. Les tiroirs sont équilibrés, les crosses sont en acier coulé avec patins en laiton, elles sont guidées par des glissières en fer cémenté et trempé.

Les roues sont en fer forgé avec bandage en acier, exemple assez rare, la plupart des machines ayant des centres en fonte, seuls les bandages moteur et arrière possèdent des boudins, les roues accouplées A' portent un bandage plat, tous les essieux sont en fer forgé, les boîtes à huile en fonte et les coussinets en métal Ajax.

Tous les ressorts sont conjugués par des balanciers compensateurs, de manière à obtenir une répartition égale sur toutes les roues, les bielles sont en acier à section double T et les coussinets en métal Ajax.

Nous ne pouvons nous empêcher de signaler l'emploi de l'acier pour les bielles, alors que le fer a été choisi pour les tiges de piston, les glissières, etc., il nous paraît y avoir là une anomalie singulière. Les boutons de manivelles sont également en acier et forés au centre dans toute leur longueur, le châssis du boggie est en fer plat.

Le tender est porté par deux trucks à quatre roues. Le châssis est formé par des cornières de 165 ✕ 100 et 20 millimètres d'épaisseur, entretoisées et rivées ensemble, les roues des trucks sont en fonte trempée, ayant 0,840 de diamètre, et les essieux en fer forgé, les fusées ont 114 millimètres de diamètre sur 203 millimètres de longueur, toutes les roues sont freinées, le frein du tender est du système Westinghouse, l'approvisionnement en eau de 15 mètres cubes.

La machine a pour enveloppe de la tôle Russe, enveloppe employée universellement aux Etats-Unis. La cheminée et la porte de boîte à fumée sont en fonte, cette porte est boulonnée à la boîte à fumée et n'est que très rarement ouverte.

Les machines américaines marchant avec de bien plus grandes admissions que les machines européennes, car on leur demande un travail bien plus considérable, n'ont point leurs tubes encrassés et garnis de nids d'hirondelles comme les nôtres, le tirage se charge de faire le service de la tringle à tubes qui est totalement inconnue dans les dépôts, une trémie, placée sous la boîte à fumée permet de retirer les escarbilles, en petite quantité, qui ne sont pas sorties par la cheminée.

DIMENSIONS PRINCIPALES :

Nature du combustible.	Charbon gras.
Largeur de la voie	1^m,435
Poids total.	58^t,308
Poids adhérent	43 ,292
Poids sur le truck	14 ,990
Entre axe total des essieux.	7^m,700
Entre axe des essieux accouplés	4 ,546
Entre axe rigide	2 ,740
Diamètre des cylindres	0 ,482
Course	0 ,609
Piston	fonte
Segments	fonte
Garnitures.	métalliques
Diamètre des roues accouplées.	1^m,700
Diamètre des portées des essieux accouplés	190 millim.
Longueur des portées	216 —
Boggie	4 roues sans déplacement
Diamètre des roues	0^m,787

CHAUDIÈRE

Timbre.	12 k.
Type	« Wagon top »
Diamètre du corps cylindrique.	1^m,524
Épaisseur des tôles d'acier	14 millim.
Provenance	Wellman
Rivures horizontales.	à couvre-joint et six rangs de rivet.
Rivures verticales.	— deux rangs de rivets
Longueur de la boîte à feu	2^m,00
Largeur	0 ,787
Profondeur	2 ,131
Épaisseur des tôles du foyer: ciel.	9$^{m/m}$,5
— — — plaque tubulaire.	12 ,7
— — — flancs	9 ,5
— — — plaque arrière.	8
Provenance de l'acier	Shœnberger
Épaisseur des lames d'eau avant	0^m,101
— — côtés	0 ,89
— — arrière	0 ,89
Tubes en fer, nombre	268
Diamètre extérieur	51 millim.
Longueurs.	3^m,810

SURFACE DE CHAUFFE

Tubes	161^{mq}800
Foyer	15 ,350

Totale . . . .   177 ,150
Surface de grille . . . .   1 ,600
Type . . . .   à barreaux oscillants
Échappements séparés dans la colonne. — Diamètre
   de chaque échappement. . . . .   82 millim.
Diamètre de la tuyère commune   950   »
Régulateur à soupapes compensées. — Alimenta-
   tion par deux injecteurs.
Tender. — Poids à vide . . . .   15 tonnes.
8 roues. — Diamètre des roues 0ᵐ,830
Provenance . . . .   Richarson fonte trempée en coquille
Capacité . . . .   18 mètres cubes
Chargement en charbon . . . .   7 tonnes

Locomotive à 12 roues du Duluth and Iron Ronge.

(Pl. 21-22-23-24).

Cette machine construite par les ateliers de Schenectady, New-York, pour la Compagnie des chemins de fer de Duluth and Iron Ronge était une des plus puissantes locomotives exposées au World Fair.

Son poids total est de 81 tonnes dont 65 disponibles pour le poids adhérent. Cette machine est destinée à remorquer des trains de marchandises lourdement chargés, même pendant les rigoureux froids qui sévissent dans les régions parcourues par le réseau de la Compagnie.

La machine est à huit roues accouplées avec un truck à quatre roues, les deux essieux accouplés médians n'ont pas de boudins, les courbes étant à grands rayons, aussi a-t-on pu conserver un empattement rigide assez considérable.

Les dimensions principales sont les suivantes :

Poids total. . . . .   80 tonnes.
Poids adhérent   65   »
Poids sur le boggie   16   »
Entre axe total 7ᵐ,721
Entre axe des essieux accouplés . . . . . .   4 ,724
Diamètre des cylindres . . . .   0 ,558
Course du piston. . . . .   0 ,660
Diamètre des tiges . . . .   100 millim.
Garniture . . . .   système Colombian Métallic
Type des tiroirs . . . .   American équilibré
Diamètre des roues accouplées 1ᵐ,871

Diamètre des fusées . . . .   0 ,215
Longueur . . . .   0 ,228
Pression de la chaudière . . . .   12 kil.
Diamètre du corps cylindrique. 1ᵐ,828
Epaisseur des tôles (acier) . . . .   16 millim.
Nom du fournisseur. . . . .   Spany
Rivure horizontale . . . . .   6 rangs de rivets à couvre-joint
Rivure verticale double . . . .   double
Boîte à feu (foyer): Longueur. . . . . . .   3 mètres
  —   —   —   Largeur 1ᵐ,045
  —   —   —   Hauteur à l'avant . . . .   1 ,670
  —   —   —   Hauteur à l'arrière . . . .   1 ,610
Epaisseur des tôles du foyer : ciel. 9ᵐ/ᵐ,5
  —   —   —   plaque tubulaire. .   14   ,3
  —   —   —   flancs . . . . .   8 millim.
  —   —   —   arrière. . . . .   8 millim.
Ciel renforcé par des armatures transversales :
Tubes . . . .   fer au bois
Nombre des tubes   280
Diamètre extérieur . . . .   57 millim.
Longueur 4ᵐ,114
Surface de chauffe des tubes 202ᵐ²50
  —   —   du foyer. . . . .   16 ,90
  —   —   totale. . . . .   222 ,40
Surface de grille . . . .   3 ,20
Système . . . .   à barreaux oscillants
Tuyères d'échappement double, diamètre de chaque   0,127
Diamètre de la tuyère de la culotte   0,145
Poids du tender vide. . . . .   15 tonnes
Nombre de roues   8
Nature. . . . .   fonte durcie
Capacité en eau . . . .   13 mèt. cubes
  —   en charbon. . . . .   6.500 kil.
Empattement total de la machine et du tender. .   15ᵐ,300

Le foyer est muni d'une voûte en brique réfractaire, supporté par des tubes à circulation d'eau.

Nous donnons ci-joint les fig. 5 et 6 indiquant la disposition généralement adoptée; le nombre des tubes peut varier, mais le principe reste le même.

Le régulateur est à double soupapes équilibrées, les tiroirs sont également équilibrés, avec soupapes de décharge (fig. 11, 12, 13 et 14).

Les centres des roues sont en fonte et les bandages en acier Krupp au creuset, le diamètre au roulement est de 1ᵐ,377.

Les essieux sont en fer ainsi que les pièces du mouvement.

La cabine est en bois comme dans toutes les machines américaines.

Le truck est à longeron en fer carré et son axe peut osciller de part et d'autre du plan médian longitudinal de la machine.

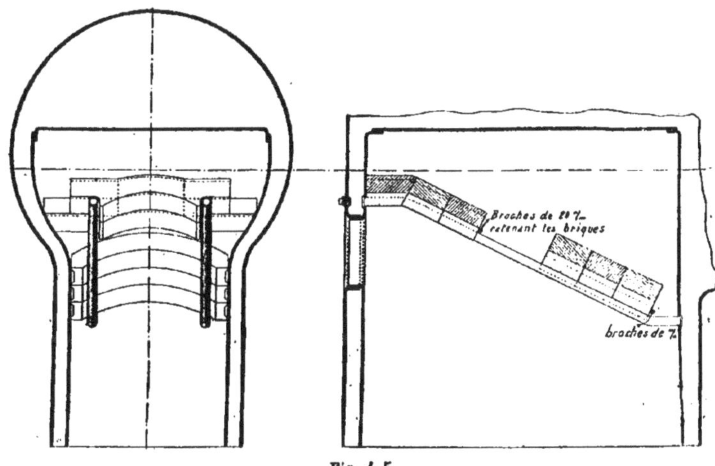

Fig. 4-5.

Machine compound "Consolidation" du Mohawk and Malone Ry
(Planches 25, 26 et suivantes).

Les ateliers de Schenectady exposaient également une machine Consolidation destinée au Mohawk and Malone Ry. Cette machine était disposée en compound à deux cylindres, suivant le système adopté par cette société de constructions.

Nous commençons par donner les dimensions principales de cette machine ainsi que diverses conditions d'établissement.

Nature du combustible	charbon gras
Poids total.	67ᵗ,350
— sur les essieux accouplés	59,650
— sur le ponny truck.	7,700
Empattement total	6ᵐ,578
Empattement rigide.	4ᵐ,266
Diamètre des cylindres H P	0 ,558
Diamètre des cylindres B P	0 ,812

Course . . . .   0 ,660
Tiroirs équilibrés . . . .   Richardson
Diamètre des roues accouplées 1ᵐ,360
Diamètre des roues du truck . . . .   0 ,760
Timbre de la chaudière 12ᵏ,5
Diamètre du corps cylindrique 1ᵐ,575
Epaisseur des tôles acier . . . .   14, 12 et 16ᵐ/ᵐ
Rivures à couvre-joint et 6 rangs de rivets.
Foyers : Longueur 2ᵐ,743
   —   Largeur . . . .   1 ,016
   —   Hauteur N . . . .   1 ,570
   —   Hauteur R . . . .   1 ,498
Epaisseur des tôles d'acier du foyer :
Ciel 9ᵐ/ᵐ,5
Plaque tubulaire   12   ,6
Flancs   7   ,9
Face arrière   7   ,9
Ciel renforcé par des armatures transversales :
Tubes . . . .   en fer au bois
Nombre . . . .   301 millim.
Diamètre extérieur . . . .   52 millim.
Longueur 3ᵐ,657
Surface de chauffe des tubes 174ᵐˢ466
Surface de chauffe directe du foyer . . . . .   15 ,607
Totale . . . .   190 ,073
Surface de grille . . . .   2 ,88
Type de grille . . . .   à barreaux oscillants
Poids du tender 18ᵗ,820
Type du roulement . . . .   deux trucks à deux essieux
Capacité du tender en eau . . . .   12 mèt. cubes
   —   —   en combutible . . . . . .   8 tonnes
Empattement total de la machine et du tender . .   14ᵐ,380

Machine de manœuvre

Les ateliers Schenectady exposaient également une machine de manœuvre, construite pour leur besoin personnel. Cette locomotive est représentée par les planches 30 et 31-32 et les dimensions principales et conditions d'établissement en sont les suivantes.

Poids total 44ᵗ,900
   — adhérent . . . .   44 ,900
Empattement total 3ᵐ,363

Empattement rigide.	3 ,363
Diamètre des cylindres	0 ,457
Course des pistons.	0 ,610
Tiroir équilibré type	Richardson
Diamètre des roues.	1ᵐ,300
Timbre de la chaudière.	10ᵏ,56
Diamètre du corps cylindrique	1ᵐ,422
Epaisseur des tôles (acier)	14 millim.

Rivure à recouvrement, 4 rangs de rivets.

Foyer :

Longueur	2ᵐ,444
Largeur	0 ,860
Hauteur avant	1 ,500
— arrière.	1 ,422

Epaisseur des tôles (acier) :

Ciel	9ᵐᵐ,5
Plaque tubulaire	12 ,7
Face arrière.	7 ,9
Flancs	7 ,9

Ciel renforcé par des fermes transversales :

Nature des tubes	Fer au bois
Nombre des tubes.	200
Diamètre extérieur.	52 mill.
Longueur	3ᵐ,363
Surface de chauffe des tubes.	106ᵐˑ60
— — directe du foyer	12 ,20
— — totale	118 ,80
— — de grille	2 ,10
Type de grille	Barreaux oscillants

Tender :

Poids du tender vide	18ᵗ,300
Type du roulement.	2 trucks à 2 essieux
Capacité du tender en eau	9ᵐ3
— — en combustible.	3,500 kil.
Nature du combustible.	Charbon gras
Empattement total de la machine et du tender .	11ᵐ,735

Le tender pour cette machine est coupé en sifflet à l'arrière de manière à ce que le mécanicien puisse voir l'attelage au moment où il s'approche d'un véhicule.

Il nous a semblé intéressant de joindre à ces descriptions et conditions d'établissement des machines exposées, une étude du fonctionnement compound adopté pour les usines Schenectady. Cette étude permettra au lecteur de se faire une idée bien nette des pratiques de la construction de ces ateliers.

Fonctionnement compound adopté par l'usine de Schenectady.

La figure 6 représente partie en élévation, partie en coupe transversale, les cylindres, la boîte à fumée, les conduits de vapeur et le réservoir intermédiaire.

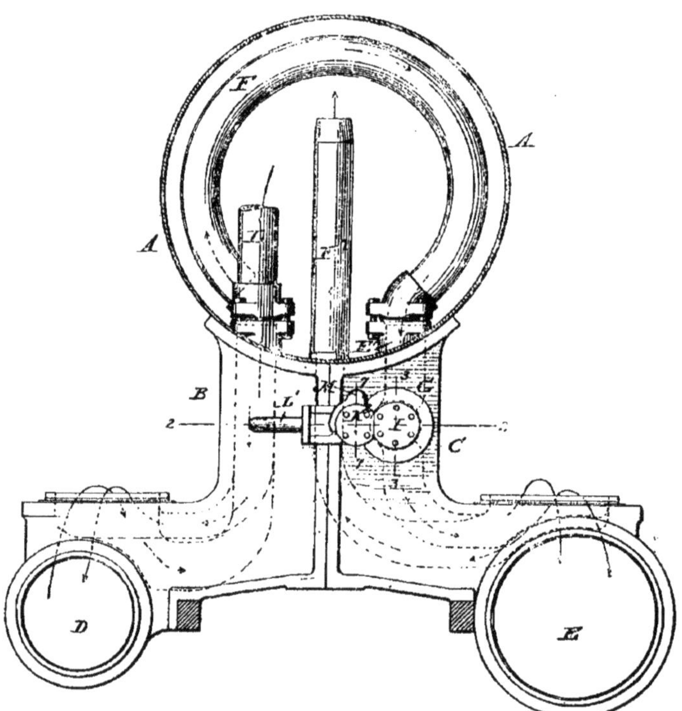

Fig. 6.— Appareil compound adopté par l'usine Schenectady, Diagramme du passage de la vapeur

Les figures 7 et 9 représentent en coupes horizontale et verticale les positions relatives des divers organes pendant le fonctionnement compound.

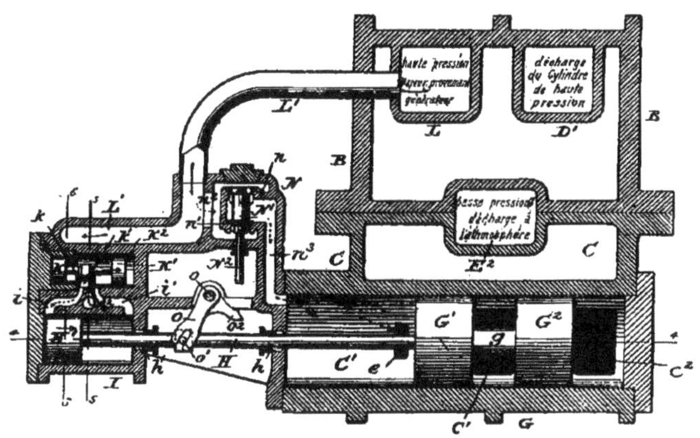

Fig. 7. — Appareil compound. — Diagramme de fonctionnement en admission directe.

La figure 8 est une coupe verticale analogue pendant le fonctionnement en cylindres indépendants.

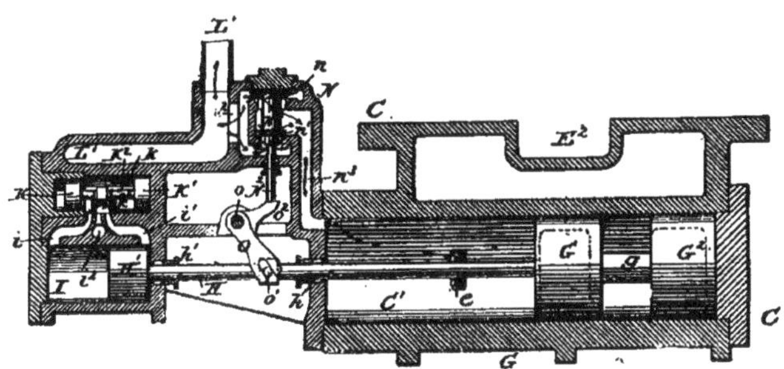

Fig. 8.

Les flèches en traits pleins permettent de suivre le passage de la
vapeur à travers l'appareil.

On voit que le cylindre à haute pression D et le cylindre à basse pres-

sion E sont situés de part et d'autre de l'axe. La vapeur d'échappement
du premier cylindre, peut se rendre à travers un tuyau D_4 (représenté
en pointillé sur la figure 6 et en traits pleins sur la figure 7) le réservoir
intermédiaire F et le tuyau E_4 au second cylindre.

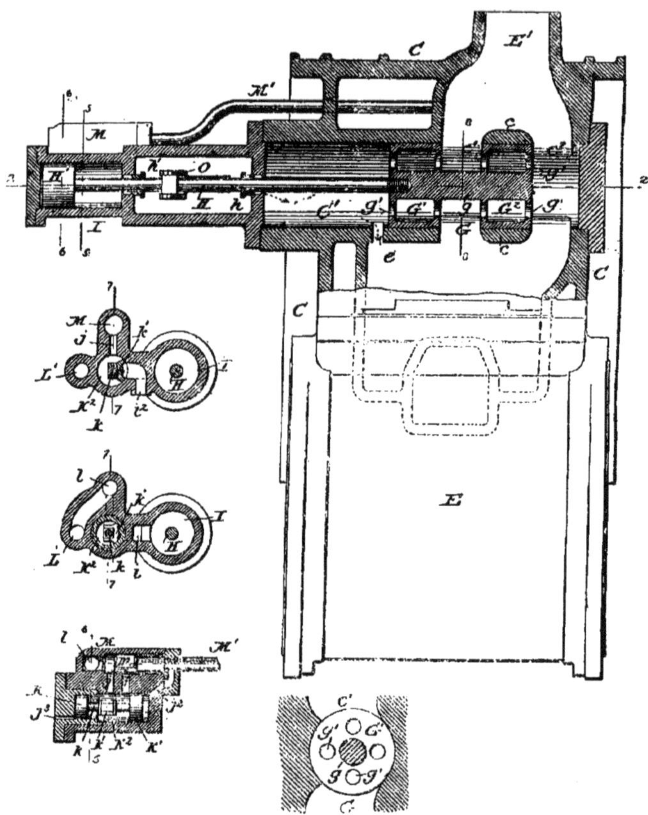

Fig. 9, 10, 11, 12. — Coupe du tiroir.

C'est sur ce dernier trajet qu'elle rencontre l'appareil réglant le mode
de marche, ordinaire ou compound.

Cet appareil est fixé du côté du cylindre à basse pression, le tuyau d'échappement de la vapeur de ce cylindre est situé dans l'axe, et celui d'arrivée de vapeur de l'autre côté de cet axe.

Il se compose de deux pistons G_1 et G_2, maintenus à une distance fixe et convenablement choisie, par un tige g, et se mouvant dans un cylindre C_1, dont les orifices c_1 c_2 communiquent avec le tuyau d'introduction E_1 de la vapeur au cylindre à basse pression. Nous verrons plus loin que la fermeture de ces orifices correspond au fonctionnement en cylindres indépendants et l'ouverture au fonctionnement compound.

Les pistons G_1 G_2 sont percés d'orifices permettant le passage de la vapeur à travers des soupapes disposées de telle sorte, que la vapeur sortant de la chaudière, et ayant par conséquent son maximum de tension, agisse en pressant les soupapes sur leur siège. De plus la vapeur, peut être admise directement au cylindre à basse pression par l'orifice e.

La tige H des pistons G_1 et G_2 se prolongeant à travers les stuffing-box reçoit le mouvement d'un piston H_1 se mouvant dans un cylindre ayant i et i_1 comme orifices d'admission, i_2 (fig. 2) comme orifice d'échappement. La distribution se fait par un tiroir relié lui-même à deux pistons K et K_1 se mouvant dans un cylindre K_2. Les orifices j et j_1 admettant la vapeur entre ces pistons, et le canal j_2 lui permet d'agir sur l'autre face du piston K_1 dont le diamètre est légèrement plus grand que celui de K.

Un branchement L_1 pris sur le tuyau de prise de vapeur, conduit la vapeur à l'orifice l d'un cylindre auxiliaire M dans lequel peut se mouvoir un curseur m. C'est ce curseur tiroir qui fermant ou ouvrant les orifices j et j_1 détermine et assure automatiquement le mode de marche.

Le tuyau M_1 réunit le réservoir F, le tuyau d'amenée E_1 le cylindre auxiliaire M et le canal j_2 à la chambre K_2 cette dernière est munie d'un conduit j_3 pour la sortie de l'eau de condensation.

Le canal de sortie i_2 de la chambre K_2 va en se contractant, ce qui régularise la sortie de la vapeur et évite des chocs trop brusques au piston H_1 et aux organes qu'il met en mouvement.

La vapeur du tuyau L_1 peut également passer à travers l'orifice n_2 les soupapes n et n_1 et le conduit n_3 dans le cylindre C_1 et de là par l'orifice e au cylindre à basse pression.

Un levier coudé pivotant autour d'un axe o et recevant son mouvement de la tige H peut soulever les soupapes n et n_1. Ces dernières sont construites de telle sorte qu'elles aient tendance à appuyer sur leur siège

Fig. 13.

Fig. 14.

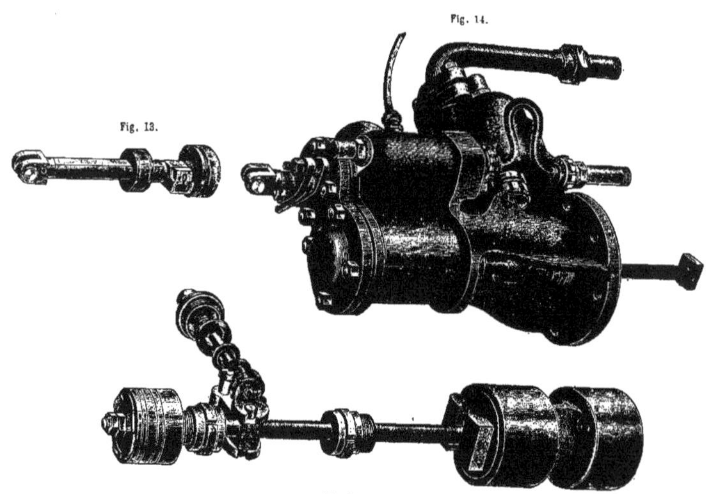

Fig. 15.

quand la branche o_3 du levier coudé n'agit pas. La soupape supérieure a donc la plus grande surface.

Fonctionnement de l'appareil de la distribution compound.

Les positions relatives des divers organes pendant le fonctionnement compound sont représentées par les figures 7 et 9. On voit que les lumières $c_1 c_2$ du cylindre à basse pression sont recouvertes, et que par suite la vapeur ne peut passer à ce cylindre qu'à travers le cylindre à haute pression, le réservoir intermédiaire F et le tuyau E.

Le registre d'admission de la vapeur étant ouvert, celle-ci passe par le branchement L_1 et l'orifice l à la chambre M. Le curseur-tiroir se déplace alors vers la droite, permettant ainsi à la pression de s'exercer entre les pistons K et K_1 par l'orifice j.

Comme nous l'avons dit ci-dessus, le piston K_1 offre à la vapeur une plus grande surface que le piston K. L'ensemble se déplace donc vers la droite, et vient occuper la position représentée par la figure 9.

Dans ce mouvement, le tiroir K_1 a découvert l'orifice d'admission i du cylindre I; le piston H_1 et par suite les pistons G_1 et G_2 ont été poussés vers la droite, et les orifices $c_1 c_2$ ont été ainsi recouverts. Le levier coudé o a soulevé le système de soupapes nn. La vapeur passe donc directement du branchement L_1 arrière du piston G_1, et de là par la lumière e dans le cylindre à basse pression.

L'ouverture du registre a donc pour effet d'admettre simultanément la vapeur aux deux cylindres qui fonctionnent alors en cylindres indépendants.

La pression, nulle au début dans le réservoir F et le tuyau E d'amenée de vapeur au cylindre à basse pression, va en augmentant, et finit par devenir suffisante dans le tuyau M_1 pour faire déplacer le curseur-tiroir m du cylindre M vers la gauche, découvrant ainsi j et recouvrant j. La vapeur passe alors à travers les orifices j_1 et j_2 sur la face droite de K_1, ce qui détermine le déplacement du système K vers l'état relatif de la fig. 7, l'ouverture de la lumière d'échappement i_2, le déplacement du piston H_1 vers la gauche, le découvrement des lumières $c_1 c_2$, par suite l'admission de la vapeur d'échappement du cylindre à haute pression dans le tuyau d'amenée E_1 du cylindre à basse pression et la marche en fonctionnement compound.

En même temps, par l'effet du déplacement de la tige H, le bras o_2 du levier coudé o a cessé d'appuyer sur la tige N_3 du système de soupapes

n, n_2, ce qui a permis aux soupapes de retomber sur leur siège avant l'ouverture des orifices c_1 et c_2. Cette fermeture rapide est indispensable pour éviter toute contrepression du cylindre à haute pression.

D'après ce qui est dit ci-dessus, on voit que l'ouverture des orifices c_1 et c_2 se produit automatiquement toutes les fois que la pression dans le réservoir F est suffisante pour dépasser celle de la vapeur dans la chambre M, qui est à proprement parler un régulateur. Elle se produit également et automatiquement toutes les fois que la vapeur est coupée au cylindre à basse pression, et que la vapeur d'échappement du cylindre à haute pression suffit pour produire le mouvement.

Le fonctionnement de l'appareil de la distribution compound peut être résumé comme il suit :

L'ouverture du régulateur admet simultanément la vapeur aux cylindres à haute et basse pression; celle-ci, agissant sur un mécanisme indépendant de l'appareil de changement de marche proprement dit, le place immédiatement dans sa position « fermée » qui correspond, comme nous avons vu, au fonctionnement à pleine puissance, en cylindres indépendants. La machine marche donc ainsi au début. Mais la vapeur d'échappement du cylindre à haute pression, agissant dès qu'elle a une tension suffisante sur le régulateur spécial M, découvre les lumières plaçant l'appareil à sa position « fermée », en même temps que les soupapes d'introduction de la vapeur à haute pression au cylindre à basse pression se ferment automatiquement. Le fonctionnement compound est alors réalisé.

Nous donnons une série de diagrammes, pris sur deux machines différentes, construites par les ateliers de Schenectady.

Ces diagrammes sont fort intéressants, et sont d'une régularité remarquable : le pourcentage du travail dans le grand cylindre est à signaler. Mais nous ferons remarquer à quelles admissions énormes ces mschines marchaient : le nombre de crans du secteur était de 26 dans chaque cas.

Une grande admission est évidemment favorable à la marche en compound dans une locomotive; aussi, aux grandes vitesses, les diagrammes n° 75 sont moins réguliers.

Machine à huit roues Compound

Les ateliers de Schenectady exposaient une autre machine du type

« American ». C'est également une machine pour les trains de voyageurs, mais elle est à cylindres indépendants en est destinée à la voie de 1ᵐ,448. La longueur totale de cette machine est de 7ᵐ,137. L'empattement rigide, entre essieux accouplés, est de 2ᵐ,430. Les roues motrices ont un diamètre de 1ᵐ,901. Le poids total de la machine est de 57450 kilogrammes, se décomposant en un poids adhérent de 36950 kilogrammes et une charge sur le truck de 20500 kilogrammes.

Le combustible employé est le charbon gras.

Il nous a paru plus intéressant, au point de vue des comparaisons à établir, de ne parler que plus loin de la locomotive construite par les ateliers Schenectady sur le type de « l'Empire State Express », qui a son histoire dans les annales des locomotives express à grande vitesse. Cette dernière machine a été construite aux ateliers de la compagnie du « New-York Central and Hudson River » à West-Albany et sera donnée lors de la description des locomotives exposées par cette Compagnie.

Ateliers Brooks à Dunkirk, New-York.

L'exposition de ces ateliers au « World Fair » ne comprenait pas moins de neuf locomotives, trois à voyageurs, deux à marchandises, une machine de banlieue, une machine de manœuvre, toutes à cylindres indépendants, enfin, deux machines compound.

Pour donner une idée de l'importance de ces ateliers, il nous suffit de dire qu'ils construisent d'une manière régulière vingt-cinq machines par mois.

Les planches 17-18, 30 et 31 représentent neuf des machines exposées en vue perspective.

Des six locomotives de la planche 30 chacune représente un type caractéristique correspondant à une exigence déterminée du trafic. Naturellement elles ont des détails de construction qui leur sont communs ainsi qu'à tous les types construits par la même usine.

Nous donnerons les dessins détaillés des machines compound et à cylindres indépendants les plus puissantes, qui sont celles représentées par les figures 6 et 4 de la planche 30, ainsi que les dimensions principales de toutes les machines exposées.

Dans la planche 30 :

La machine de la figure 1 est le type voyageurs, à dix roues, adopté par la compagnie du « Lake Shore and Michigan Southern ». La machine de la figure 2, comme on peut le prévoir à la vue du tender non séparé, est une locomotive de banlieue du « Chicago and Northern Pacific Railroad ». Ce type diffère complètement des machines anglaises de même service et est regardé généralement comme plus satisfaisant.

La machine de la figure 3 est du type huit roues de la compagnie « Cincinnati, Hamilton and Dayton ».

La machine de la figure 4, dont nous donnons plus loin des dessins de détail, comme étant le type des machines à cylindres indépendants Brooks, appartient à la compagnie du « Great Northern »,

La machine de la figure 5 est du type marchandises à dix roues, adopté par la compagnie du « Lake Shore and Michigan «. C'est la plus légère des locomotives exposées. Elle possède néanmoins une grande puissance de traction. Elle est du système compound à deux cylindres.

La machine de la figure 6 est du système compound tandem à quatre cylindres. C'est une locomotive à marchandises du « Great Northern Railway » du type dit « Consolidation ». Nous en donnons plus loin les dessins de détail.

Les caractères communs à toutes ces machines sont les suivants :

Les chaudières sont entièrement en acier. Dans un ou deux types elles sont recouvertes d'amiante ; la cabine est toujours en bois renforcée par de la tôle. Les boîtes à fumée sont de grande dimension et sont munis de diaphragmes. Les grilles sont en fonte et à barreaux oscillants. Le régulateur est à soupape et équilibré suivant la pratique générale et donnant de si bons résultats en Amérique.

Dans les parties mobiles on peut remarquer que les tiges des pistons sont en acier étiré à froid et les têtes de crosses en acier fondu. Les glissières sont en fer forgé et trempé. Les bielles motrices sont toujours en fer forgé et les bielles d'accouplement tantôt en fer forgé, tantôt en acier. D'une manière générale, les longerons sont en fer très résistant, travaillé à la forge. Dans plusieurs cas, une paire de roues motrice est dépourvue de boudins, ce qui explique le désaccord apparent entre les empattements rigides et la distance d'axe en axe des essieux moteurs extrêmes qui figurent aux tableaux des dimensions principales de la machine. Ce trait caractéristique est général dans toutes les locomotives américaines. Nous en avons déjà signalé des exemples sur des machines de Schenectady.

Quant aux longerons du tender, ils sont ordinairement formés par des de fers en I de 148 millimètres (7 inches) de hauteur ; cependant dans le type huit roues adopté par le « Cincinnati, Hamilton and Dayton Railroad » les longerons sont en chêne comme dans l'ancienne pratique.

Les trois autres locomotives formaient partie d'une commande faite aux ateliers Brooks par une compagnie américaine et ne devaient être livrées qu'après l'Exposition.

La première de ces machines, est du type voyageurs, à dix roues ; la seconde une machine de manœuvre, et la troisième une machine du type « Mogul ».

Nous donnerons simplement ici, et sous forme de tableau, les principales dimensions de ces trois locomotives (Tableau, page 42).

Les chaudières sont du type Belpaire, de la " Welman Iron an Steel Company " de Thurlow, et les tubes proviennent des ateliers Duquesne de Pittsburg.

	MACHINE type voyageurs à 10 roues	MACHINE de manœuvre	MACHINE type " Mogol "
MACHINE			
Poids total de la machine.	62ᵗ600	51ᵗ700	53ᵗ500
Poids adhérent.	50,350	51,700	46,250
Poids sur le truck	12,250	. . . . . .	7,250
Longueur entre essieux extrêmes . .	7ᵐ620	3ᵐ251	6ᵐ553
Empattement rigide	4 420	3 251	4 267
CYLINDRES			
Diamètre des cylindres	0ᵐ483	0ᵐ483	0ᵐ483
Course du piston	0 660	0 660	0 610
Diamètre de la tige du piston . . .	0 089	0 089	0 089
Dimensions des orifices d'admission .	41ᵐᵐ2×470ᵐᵐ	41ᵐᵐ2×470ᵐᵐ	41ᵐᵐ2×470ᵐᵐ
— — d'échappement.	76 2×470	7 62×470	76.2 × 470
ROUES ET ESSIEUX			
Diamètre des roues motrices. . . .	1ᵐ829	1ᵐ245	1,397
— — du truck. . . .	0 ,838	. . . . . .	0,762
— des fusées des essieux moteurs	0 ,203	0,203	0,203
— — — du truck	0 ,133	. . . . . .	0,133
— des mannetons des bielles motrices	0 ,159	0,159	0,159
Diamètre des mannetons des bielles d'accouplement	0,140 et 0,114	0,140 et 0,127	0,140
Longueur des ressorts	0,914	0,914	0,914
CHAUDIÈRE			
Pressions	12ᵏ67	1ᵏ267	12ᵏ67
Diamètre intérieur.	1ᵐ524	1ᵐ473	1ᵐ473
Epaisseur des tôles	13 à 16ᵐᵐ	13 à 16ᵐᵐ	13 à 16ᵐᵐ
Nombre des tubes	202	180	212
Diamètre —	57ᵐᵐ	57ᵐᵐ	51ᵐᵐ
Longueur —	4ᵐ216	3ᵐ378	3ᵐ378
— de la boîte à feu . . .	2 896	2 489	2 489
Largeur — — . . .	0 813	0 813	0 813
Surface de la grille.	2ᵐˢ35	2ᵐˢ02	2ᵐˢ02
— de chauffe de la boîte à feu .	14 21	13 38	12 45
— — des tubes. . . .	152 91	105 53	114 45
— — totale. . . .	197 12	118 91	126 90
TENDER			
Poids du tender vide	16ᵗ050	15ᵗ400	16ᵗ050
— — chargé	38,450	31,650	38,450
Nombre de roues	8	8	8
Diamètre des roues	0ᵐ838	0ᵐ838	0ᵐ838
Longueur entre essieux extrêmes . .	. . . . . .	3 200	. . . . . .
Capacité du tender en eau	18ᵐˢ17	14ᵐˢ10	18ᵐˢ17
— — en charbon . . .	8ᵗ	5ᵗ	8ᵗ

Locomotive, type marchandises, à 12 roues, du "Great Northern Railway".

Cette locomotive est la plus puissante des locomotives à marchandises exposées par les ateliers Brooks, et est représentée en détail par les planches 32 et 33. Son poids total est de 70 750 kilogrammes, dont 61 700 kilogrammes disponibles pour le poids adhérent, répartis uniformément sur les roues motrices par l'intermédiaire des ressorts.

Les tiges des pistons sont en acier, les bielles motrices sont en fer et à section évidée à la fraise en double T, les bielles d'accouplement ont une section rectangulaire. Le mouvement est communiqué aux tiroirs par des coulisses de Stephenson. Les barres des excentriques sont courtes et fortes. Elles sont cintrées pour le passage des essieux.

Les essieux sont en acier, les roues sont en fonte, avec bandages en acier Krupp. Les boudins n'existent pas sur les première et troisième paires de roues, ce qui réduit l'empattement rigide à 1^m,946, tandis que la distance d'axe en axe des essieux accouplés extrêmes est de 4^m,724.

La chaudière est du type Belpaire. La boite à feu est renforcée extérieurement par des armatures verticales, longitudinales et transversales. Le foyer est en acier.

Les garnitures Gérôme, donnent de très bons résultats et sont à signaler, le déplacement que peut prendre la garniture par rapport à la boite à étoupes permet à la crosse de piston de légers mouvements sans que la tige du piston ne se fausse ou que la garniture ne se mette à perdre.

Non seulement ces garnitures sont appliquées aux tiges des pistons mais aussi des tiroirs. Comme dans toutes les locomotives américaines les cylindres sont symétriques par rapport à l'axe longitudinal, les tuyaux d'échappement et de prise de vapeur étant constitués en partie par les appendices des cylindres. Ces appendices forment l'entretoisement des cylindres en même temps que le support de la chaudière, tout en reportant soit sur le truck soit sur le bissel, le poids de l'avant de la machine.

Dans les machines à boggie le pivot est directement fixé sous l'entretoisement des cylindres, dans les bissels ou poney trucks, cet entretoisement porte sur un balancier qui, à l'extrémité arrière, est conjugué avec les ressorts du premier essieu, tandis que son extrémité avant vient reporter la charge sur le pivot du truck, mais avec interposition

Fig. 16. — Diagramme de la coulisse d'une machine à 10 roues. Élévation.

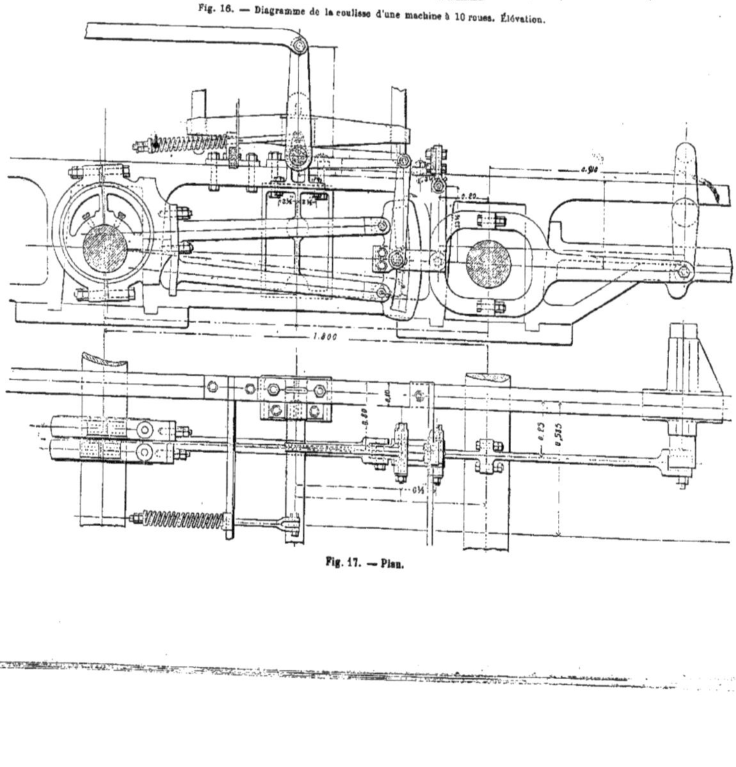

Fig. 17. — Plan.

ressorts. Ces dispositions sont déjà connues de tous les ingénieurs s'occupant de la construction des locomotives, anssi ne les indiquons-nous que pour mémoire.

Les boîtes à vapeur, extérieures et placées au-dessus des tiroirs sont rapportées de manière à ce qu'une fois enlevées, on puisse accéder facilement aux tables qui sont en saillie sur le cylindre, il est certain que la disposition adoptée généralement en Europe est peu intelligente, il faut ne pas avoir été appelé à entretenir des locomotives, pour ignorer la peine que donne le dressage des tables, alors que la disposition américaine est si simple et si pratique.

La coulisse est intérieure, mais commande les tiges de tiroirs par l'intermédiaire d'un arbre oscillant, les tiges sont en général longues et on compte sur leur flexibilité pour compenser le mouvement vertical provenant de la transformation d'un mouvement curviligne en mouvement rectiligne, si la tige est trop courte on donne un jeu à la tête du levier oscillant dans une cage, ou on interpose une petite bielle.

Les tiroirs sont toujours équilibrés sur le dos, soit par quatre réglettes formant joint contre le plateau de la boite à vapeur, soit par une couronne circulaire remplissant le même office, dans ce cas, le tiroir est quelquefois circulaire, disposition de forme coïncidant avec la disposition également circulaire des lumières, comme cela a été fait en France et en Angleterre; cette manière d'équilibrer les tiroirs est très simple, très peu dispendieuse et efficace, elle permet de conserver le levier de changement de marche dans les plus grosses machines, les usures des tiroirs sont très réduites et les ruptures de tiges excessivement rares.

Fig. 18. — Tiroir équilibré (américain) à segment circulaire.

Le dos du tiroir est percé d'un petit trou communiquant avec l'échappement, ce trou a pour but de permettre à la vapeur qui aurait pu filtrer autour des réglettes ou du segment de s'échapper sans donner de contre-pression sur le dos du tiroir.

Il faudrait répéter pour chaque machine décrite, ce que nous venons de dire, de même qu'il faudrait leur appliquer les indications que nous donnerons çà et là pour ne pas fatiguer le lecteur.

Ce sont au reste ces détails qui constituent réellement le type de la machine américaine et dans lesquels on peut largement puiser car ils sont le résultat d'une longue expérience sans parti pris et sans esprit doctrinaire.

Les dimensions principales sont les suivantes :

Empattement total	7^m696
Diamètre des cylindres	0 508
Course des pistons	0 660
Garniture, système	Jérôme
Dimensions des orifices d'admission	$41^{mm},2 \times 470^{mm}$
— — d'échappement	76 $,2 \times 470$
Diamètre des roues motrices	1^m397
— — du truck	0 838
— des fusées des essieux moteurs.	0 200
— — — du truck	0 127
— des mannetons des bielles motrices.	0,108 ; 0,127 ; 0,178 ; 0,108
— — — d'accoupl.	0,108 ; 0,127 ; 0,127 ; 0,108
Longueur des ressorts	0^m838
Pression de la chaudière.	12^k67
Diamètre intérieur de la chaudière	1^m727
Nombre des tubes	250
Longueur	4^m216
Diamètre	57^{mm}
Longueur de la boîte à feu.	2^m896
Largeur — —	0 813
Surface de la grille	2 935
— de chauffe de la boîte à feu	17^m84
— — des tubes	189 05
— — totale	206 89
Poids du tender chargé.	37,200 k.
Capacité du tender en eau	18^{m3}
— — en charbon.	8^t

Locomotive à quatre cylindres compound, système Brooks.
(Planche 36-37)

Cette machine, construite pour la Compagnie « Great Northern, » est du type dit « Consolidation, » et est certainement la plus intéressante de l'exposition Brooks. Aussi en donnerons-nous, non seulement les dessins et l'ensemble, mais aussi des dessins de détail, comprenant ceux de la chaudière, de la grille, du châssis, des freins, du système de distribution, des bielles et du montage du poney truck.

La machine est à quatre essieux accouplés et à un essieu d'avant formant bissel. La chaudière a $1^m,600$ de diamètre intérieur; elle est composée de 208 tubes de $3^m,534$ de longueur entre plaques, et de 57 millimètres de diamètre. La boîte à feu a $2^m,296$ de longueur intérieure; sa largeur, à la partie supérieure, est de $1^m,676$. La distance, entre les parois extérieure et intérieure, varie entre 89 et 102 millimètres. La grille est du type à barreaux oscillants; les détails en sont donnés par la figure 10. Les parois du foyer sont en tôle d'acier et sont représentées dans la figure 11. La figure 12 donne le montage du frein installé par la « New-York, Brake C° dont nous donnerons une description en parlant du matériel roulant.

Quant aux cylindres, ils sont disposés en tandem. La course commune des pistons est de $0^m,660$; le diamètre du cylindre à haute pression est de $0^m,330$, celui du cylindre à basse pression $0^m,589$.

Le tiroir du cylindre à basse pression est un tiroir à coquille ordinaire; celui du cylindre à haute pression est un tiroir cylindrique équilibré. Ces tiroirs se déplacent en sens contraire, grâce au dispositif indiqué par la figure 13, et qui consiste en un levier oscillant dont l'une des extrémités reçoit la tige arrière du tiroir du cylindre à basse pression; l'autre extrémité donnant le mouvement au tiroir du cylindre à haute pression. Ce levier est monté sur un arbre creux, et son bon fonctionnement est assuré par le graisseur du cylindre à basse pression.

Les données des tiroirs sont les suivantes :

Tiroir du cylindre à haute pression :

Course	$0^m101,6$
Recouvrement	0 012,7
Avance	0 015,2

Tiroir du cylindre à basse pression :

Course 0ᵐ177,8
Recouvrement extérieur 0 019,0
Avance 0 025,4

La soupape d'introduction directe de la vapeur au cylindre à basse pression est montrée en position, et en détails. Elle est située sur le trajet de la vapeur se rendant de la conduite principale à la boite de distribution du cylindre à basse pression. Dans le fonctionnement normal, cette soupape est maintenue fermée sous l'action des ressorts. La tige est prise entre les fourches d'une barre M qui est reliée au levier de changement de marche. Cette barre s'élargit, comme le montre la figure, et on conçoit que la transmission de mouvement puisse être telle que le levier de changement de marche, étant dans l'une ou l'autre de ses

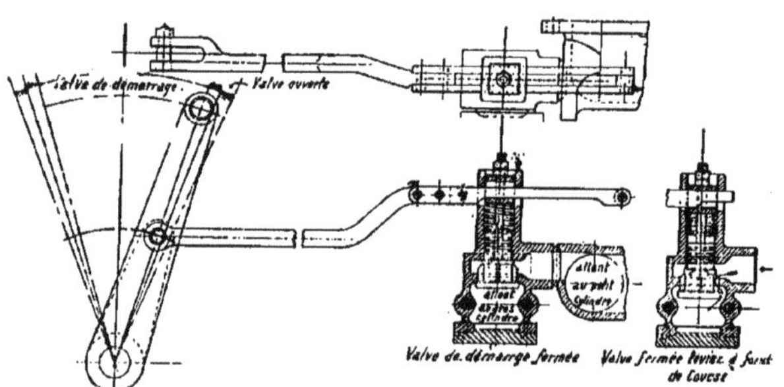

Fig. 19. — Commande de la valve d'admission directe.

positions extrêmes, la soupape puisse être ouverte, tandis qu'elle est fermée dans la position moyenne du levier. Nous signalerons également dans cette machine l'emploi de ressorts de suspension à boudin pour une partie des essieux, pratique rare en Amérique bien qu'elle soit fréquente en Angleterre.

Dimensions principales :

MACHINE

Poids total de la machine . . . .   66.700 kil.
Poids adhérent . . . .   58.950 »

Poids non adhérent . . . .   7.700 »
Longueur entre essieux moteurs extérieurs . . .   4ᵐ,724
Empattement rigide . . . .   4 ,724
— total . . . .   7 ,010

CYLINDRES, etc.

Diamètres des cylindres. . . . .   0ᵐ,330 et 0ᵐ,589
Course commune 0ᵐ,660

ROUES

Diamètre des roues motrices 1ᵐ,397
— — du truck . . . .   0 ,838

CHAUDIÈRE

Pression 12ᵏ,67
Surface de la grille 2ᵐ²35
— de chauffe de la boîte à feu . . . .   16 ,44
— de chauffe des tubes . . . .   131 ,82
— — totale . . . .   148 ,26

TENDER

Poids total chargé . . . .   34.000 kil.
Capacité en eau 18ᵐ3,17
— en combustible. . . . .   8 tonnes

Locomotive compound à deux cylindres, type marchandises
DU " LAKE SHORE AND MICHIGAN SOUTHERN RAILWAY ".
(Planche 39).

La locomotive est du type dix roues, avec trois essieux accouplés. Son poids adhérent est de 34 700 kilogrammes, et son poids total de 46 250 kilogrammes.

Les diamètres des cylindres à haute et basse pression sont respectivement de 0ᵐ,457 et 0,724. Leur course est la même : 0ᵐ,610. Le premier de ces cylindres est placé du côté droit de la locomotive.

Les bielles motrices ont 2ᵐ,515 de longueur (de centre en centre des articulations). Leur section est celle d'un double T de 70 millimètres de largeur d'ailes, et de hauteur variante entre 121 et 108 millimètres. Les bielles d'accouplement sont de section rectangulaire, variable de 102 × 32 millimètres à 140 × 44 millimètres ; ces dernières dimensions correspondant à leur section médiane.

Les tiroirs sont du système Allen Richardson, équilibrés. Le tiroir du cylindre à haute pression a une course de 140 millimètres, un recouvre ment de 25 millimètres, et est construit sans avance. Le tiroir à basse pression, au contraire, a une avance de 2 mil. 4, une course de 178 millimètres, et un recouvrement extérieur de 27 millimètres.

Dans la figure 5, le système d'introduction directe de la vapeur à haute pression au cylindre à basse pression est montré dans sa position « fermée. » C'est la position normale, correspondant à la marche compound. On peut suivre le passage de la vapeur d'un cylindre à l'autre

Le système est formé de deux soupapes présentant à la vapeur des surfaces d'actions inégales. La plus petite surface est celle qui est la plus éloignée de l'axe de la machine.

Dans la position que nous avons appelée « fermée, » cette dernière soupape s'applique exactement sur son siège, tandis que la soupape, la plus voisine de l'axe, en est encore à quelque distance.

Au départ, aucune pression ne s'exerce sur la face de la soupape la plus rapprochée de l'axe; la tige est donc poussée de ce côté, jusqu'à ce qu'elle rencontre un arrêt (non représenté au dessin) et cette soupape s'applique sur son siège. De cette manière, la vapeur de la chaudière est admise au cylindre à basse pression et cette admission se continue jusqu'à ce que la vapeur d'échappement du cylindre à haute pression ait acquis une tension telle qu'agissant sur la plus grande face de la soupape elle produise un effort supérieur à celui exercé par la vapeur sortant de la chaudière, sur la plus petite face. Quand cette pression est atteinte, les soupapes prennent la position indiquée par là figure 5 et le fonctionnement devient compound.

Le mécanisme donnant le mouvement au tiroir est comme dans la plupart des machines américaines, une coulisse du type Stephenson.

Les roues motrices ont 1^m,422 de diamètre. L'essieu d'avant porte des roues sans boudins, ce qui réduit l'empattement rigide à 2^m,438. Le poids de la machine sur les essieux moteurs est distribué le plus également possible au moyen des balanciers.

La chaudière est complètement en acier. La pression normale est de 12 k. 67.

Les chandelles des ressorts s'appuient sur le dessus des boites à graisse par l'intermédiaire d'une tige fourchue, comme le montre la figure 1, disposition généralement adoptée.

La boite à feu a 2^m,438 de longueur sur 0^m,876 de largeur. La grille est en fonte, à barreaux oscillants, et est formée de deux parties, l'une horizontale à l'arrière, l'autre inclinée vers le sol à l'avant.

Le tender est muni du frein Westinghouse, tandis que les roues motrices sont pourvues du frein à vapeur américain (American Steam Brake).

Les dimensions principales de la machine sont les suivantes :

MACHINE

Poids total de la machine en ordre de marche . .	46.250 kil.
Poids adhérent	34.700 »
Poids sur le truck	11.550 »
Empattement total	13^m,874
— rigide	2 ,438
Longueur d'axe en axe des essieux accouplés extrêmes	4^m,038

CYLINDRES

Diamètre du cylindre à haute pression	0^m,457
— — à basse pression	0 ,724
Course des cylindres.	0 ,610
Orifices d'admission, cylindre à haute pression. .	406^{mm} × 47^{mm},6
— — — à basse pression. .	408^{mm} × 54^{mm}
Orifices d'échappement, cylindre à haute pression.	406^{mm} × 76^{mm},2
— — — à basse pression.	508^{mm} × 127^{mm}

ROUES, etc.

Diamètre des roues motrices	1^m,422
— — du truck	0 ,711
— des fusées des essieux moteurs . . .	0 ,175
— — — du truck . . .	0 ,127
— des mannetons des bielles motrices . .	—
— — — d'accouplement	—
Longueur des ressorts	0 ,914

CHAUDIÈRES

Type	wagon top
Pression	12^k,67
Diamètre intérieur	1^m,321
Nombre des tubes	186
Diamètre des tubes	0^m,0508
Longueur des tubes	3 ,658
— de la boîte à fumée	2 ,438
Largeur de la boîte à fumée.	0 ,876
Surface de la grille	2^{mq}13
— de chauffe de la boîte à feu	10 ,40
— — des tubes	108 ,51
— — de	1 ,66
— — totale	120 ,58

TENDER

Poids du tender chargé	32.450 kil.
Capacité du tender en eau	16^{m3},810
— — en charbon.	6 tonnes

Autres locomotives Brooks exposées.

Nous avons réuni dans un tableau les dimensions principales de trois autres machines exposées dans les ateliers Brooks.

Ces machines ne présentent pas de particularités très saillantes au point de vue américain dont elles possèdent les détails courants et partout acceptés, roues en fonte, cylindre symétrique et interchangeable, tiroirs compensés, tiroirs amovibles, contrepoids de changement de marche remplacé par un ressort, etc., etc.

Nous en donnons des vues perspectives, dans l'atlas.

	MACHINE type voyageurs à 10 roues du « Lake Store and Michigan Southern Railroad »	MACHINE de banlieue du « Lake Store and Northern Pacific Railroad »	MACHINE type voyageurs à 8 roues du « Cincinnati Hamilton and Dayton Railroad
MACHINE			
Poids total	51.500 kil.	75 300 kil.	50.800 kil.
Poids adhérent.	40.150 »	46.250 »	33.550 »
Poids sur le truck avant	11.350 »	7.250 »	17.250 »
Poids sur le truck arrière.	—	21.750 »	—
Long' entre essieux accouplés extrêmes	4^m,572	4^m,572	2^m,438
Empattement rigide	2 ,591	4 ,572	2 ,438
Longueur totale de la machine . . .	14 ,503	10 ,896	14 ,224
Empattement total de la machine . .	7 ,658	10 ,826	6 ,909
CYLINDRES			
Diamètre des cylindres	0 ,432	0^m,457	0 ,447
Course du piston	0 ,610	0 ,610	0 ,660
Dimensions des orifices d'admission .	406 × 41,2	432 × 41,2	432 × 41,2
— — d'échappement.	406 × 76,2	432 × 76,2	432 × 41,2
Garniture : système	Jérôme	U. S. Co	Sullivan
ROUES			
Diamètre des roues motrices. . . .	1^m,727	1^m,600	1^m,854
— — du truck. . . .	0 ,914	0 ,762	0 ,838
Nature des roues du truck	Allen paper	Acier et bandages en acier Paige	Acier
Diamètre des fusées des essieux moteurs	0 ,191	0^m,191	0^m,203
— — — du truck	0 ,127	0 ,127	0 ,140
Diamètre des mannetons des bielles motrices	0,089 — 0.133 — 0,089	0,114 — 0,159 — 0,114	0 ,114
Longueur des mannetons des bielles motrices	0,089 — 0,114 — 0,089	0,089 — 0,127 — 0,089	0 ,089
Diamètre des mannetons des bielles d'accouplement	—	0,108 et 0,142	0,083 et 0,140
Longueur des mannetons des bielles d'accouplement	—	0,108 et 0,152	0,108 et 0,152
Longueur des ressorts.	0^m,914	0^m,914	0^m,914
CHAUDIÈRE			
Type.	Wagon	Wagon	Belpaire
Pression normale	12^k,67	12^k,67	12^k,67
Diamètre intérieur.	1^m,321	1^m,473	1^m,473
Epaisseur des tôles.	0 ,014	0 ,013	0 ,013
— des tubes	N° 13 B.W.G	N° 13 B.W.G	N° 12 B.W.G
Nombre des tubes.	202	250	226
Longueur	4^m,218	3^m,378	3^m,534
Diamètre.	0 ,050.8	0 ,050.8	0 ,050.8
Longueur de la boîte à fumée . .	2 ,438	2 ,591	2 ,591
Largeur de la boîte à fumée . . .	1 ,067	0 ,813	0 ,813
Surface de la grille	2^{mq},60	2^{mq},10	2^{mq},10
— de chauffe de la boîte à feu .	11 ,43	13 ,38	12 ,36
— — des tubes. . . .	135 ,82	134 ,98	127 ,45
— — des bouilleurs . .	1 ,67	2 ,14	1 ,77
— — totale.	148 ,92	150 ,50	141 ,58
TENDER			
Poids total (chargé)	32 450 kil.	—	32.200 kil.
Capacité en eau.	16^{m3},810	11^{m3},810	19^{m3},08
— en charbon	6 tonnes	4^t,5	8 tonnes

Locomotive, type marchandises, à 2 essieux porteurs et 12 roues

Plusieurs de ces machines, représentées par les planches 44 et 45, ont été construites par les ateliers Brooks pour la traction des trains de marchandises du « Chicago and Calumet Terminal Railway ». Nous signalons le nom de *double ender*, machine à double sens de marche, qui leur a été donné par M. James M. Naughton, auteur du projet, et ingénieur en chef de cette Compagnie, tout en faisant remarquer que le dispositif adopté laissant le tender séparé de la locomotive, il ne s'agit plus que d'une machine ordinaire à essieu radical sous le foyer.

Le pare-étincelles mérite d'attirer l'attention. Comme le montrent les dessins, il consiste essentiellement en deux plaques perforées écartées d'un diamètre environ à leur partie inférieure, et supportées par la plaque tubulaire, immédiatement au-dessus de la dernière rangée. Ces tubes sont disposés de manière à faire avec cette plaque une angle assez aigu. Les résidus enflammés projetés à la sortie des tubes sont ainsi pulvérisés et complètement éteints à leur sortie de la cheminée.

La distance de l'axe de la chaudière au ciel du foyer varie de 0ᵐ,466 à l'avant à 0ᵐ,330 à l'arrière. Dans une même section transversale cette distance est également plus grande dans l'axe que sur les côtés le ciel étant bombé, la courbure du ciel ne suivant pas celle de la chaudière.

La locomotive est à cylindres indépendants ; la pression normale est de 12 k. 67 dans la chaudière.

Les principales dimensions et conditions d'établissement sont d'ailleurs les suivantes :

Voie de	·1ᵐ435
Diamètre des cylindres	0 483
Course —	0 610
Nombre d'essieux accouplés	4
Diamètre des roues motrices	1ᵐ295
Empattement rigide.	4 572
— total	9 296
Poids adhérent	54,450 k.
— sur le truck	13,600 —
— total	68,050 —
— du tender chargé	31,750 —
Type de la chaudière.	wagon-top

Plus petit diamètre de la chaudière 1ᵐ524
Nombre des tubes. 250
Diamètre   — 0ᵐ051
Longueur   — 4 216
Longueur de la boîte à feu. 2 896
Largeur   — 0 838
Plus petit diamètre de la cheminée 0 406
Epaisseurs des tôles de chaudière. . . . . 13, 14 et 16ᵐᵐ
Longueur des fusées motrices. 0ᵐ241
Diamètre   —   — 0 203
      — des fusées des trucks. 0 127
Hauteur du centre de la chaudière au-dessus du rail. 2 299
Hauteur du sommet de la cheminée au-dessus du rail. 4 415
Capacité du tender en eau 18ᵐˣ17

Le pare-étincelles est du système Bell, le foyer est du type Barnes.
Le cendrier est du système Neroth, toutes les garnitures des tiges de
piston ou autres sont métalliques de la marque U. S. Les tiroirs sont
du type Richardson équilibrés, enfin le système de frein adopté est le
Westinghouse.

Ateliers de Rhode-Island.

L'Exposition de cés ateliers au « Transportation Building » se composait de trois locomotives, aussi remarquables par le fini de leur exécution que par l'excellence des résultats donnés en service par des
types analogues. Toutes ces machines, dont l'aspect extérieur est à peu
près le même, sont du type compound à deux cylindres.

A la mise en marche, la vapeur sortant de la chaudière est admise
directement aux deux cylindres, et le fonctionnement compound se produit automatiquement quand la vapeur d'échappement du cylindre à
haute pression a acquis une tension donnée. Le mécanicien peut également, quand il le désire, passer de la marche compound à la marche à
cylindres indépendants.

Le mécanisme du fonctionnement compound est indiqué par les
figures 20, 21 et 22 ci-dessous :

La figure 20 est une coupe verticale montrant les orifices *d* et *e*; le réservoir intermédiaire E et le branchement D amenant la vapeur de la
conduite principale et le papillon F, qui permet à la vapeur d'échappe

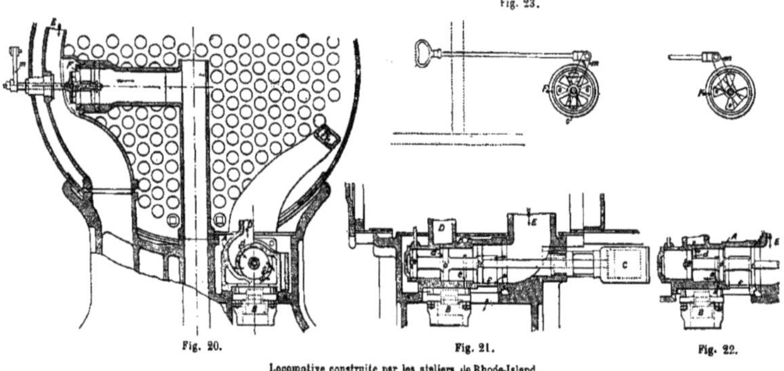

Locomotive construite par les ateliers de Rhode-Island.

ment du cylindre à haute pression de sortir directement dans l'atmosphère.

Les figures 21 et 22 sont des coupes longitudinales montrant respectivement l'état relatif des parties pendant le fonctionnement compound et la marche en cylindres indépendants. Le cylindre c de ces figures est un dashpot rempli d'huile.

Les organes étant dans la position de la figure 21, le papillon F est fermé. L'ouverture du registre de vapeur admet à la fois celle-ci dans le cylindre à haute pression, et à travers, la conduite D, à l'orifice d. Le piston b ayant une plus grande surface que le piston a, l'ensemble du système est poussé vers la droite, et veut occuper la position de la figure 3. La vapeur passe donc à travers l'orifice e au tiroir du cylindre à basse pression. La pression dans ce cylindre est calculée de telle sorte que les efforts exercés sur les tiges des pistons soient très approximativement les mêmes.

De même le piston c empêche toute communication entre le branchechement D et le réservoir E, et la pression dans ce réservoir est telle, que la force exercée sur la face c compense la différence des pressions sur les faces b et d.

Quand cette pression a atteint une limite déterminée, le système des pistons est poussé vers la gauche ; l'orifice d est recouvert, et la vapeur du réservoir passe directement par l'orifice f au tiroir à basse pression. La machine part donc en fonctionnement à cylindres indépendants, et devient automatiquement compound.

Par l'ouverture du papillon E, le mécanicien peut, à chaque instant, passer de cette dernière marche à la première.

Locomotives à voyageurs, à 12 roues
DU CHICAGO MILWAUKEE AND SAINT-PAUL RAILROAD.

Nous donnons, planches 42 et 43, l'élévation et plusieurs coupes de cette machine, une des plus intéressantes de celles qui étaient exposées. Elle présente bien les caractères de la locomotive américaine Express moderne, destinée à remorquer des trains lourds à des vitesses élevées, et sur des voies médiocrement entretenues.

Alors que les Anglais n'abandonnaient qu'à regret la machine à roue libre pour adopter l'accouplement de deux essieux, les Américains étaient, dès l'origine, entrés résolument dans cette voie, en réduisant le diamètre des roues; puis, avec les vitesses plus grandes, il a fallu agrandir le diamètre des roues motrices; enfin, la nécessité d'obtenir des démarrages rapides, a obligé d'ajouter un troisième essieu; toutefois, pour rester fidèles à la large surface de chauffe adoptée chez eux, les Américains n'ont point tardé à ajouter un essieu porteur sous la boîte à feu, arrivant à un modèle dont plusieurs exemplaires se faisaient remarquer à Jackson Parc, et qui est adopté sur une large échelle par les compagnies de chemins de fer.

La charge est limitée à 13 tonnes par essieu, en effet la machine est destinée à circuler sur des lignes dont les rails ne pèsent pas plus de 30 kilogrammes par mètre courant.

Les principales dimensions de la machine sont les suivantes :

Diamètre du cylindre à haute pression	0^m533
— à basse —	0 787
Course des pistons	0 660
Diamètre des roues motrices	1 981
Voie de	1 435
Distance d'axe en axe des essieux moteurs extrêmes	4 115
Empattement total de la machine	9 074
— — — et du tender	15 411
Type de la chaudière	wagon-top
Diamètre —	1^m575
Epaisseur des tôles de la chaudière	0 016
Pression de la chaudière	14^k08
Diamètre du dôme	0^m762
Longueur des tubes	3 877
Diamètre —	0 051
Nombre —	272
Longueur de la boîte à feu	3 048
Largeur — —	0 864
Epaisseur des tôles sur les côtés	0 008
— — à l'arrière	0 010
— — de la partie cintrée	0 010
— des plaques de tôles de tubes	0 013
Diamètre des rivets d'entretoise	0,022 et 0,025
— des fusées motrices	0^m203
Longueur — —	0 222
Capacité du tender en eau	18^m317
Poids adhérent	40,150 k.

```
Poids sur le truck d'avant.  . . . . . . . .    16,550 ‑ ‑
   —          —    d'arrière  . . . . . . . .     8,150 —
   — total en ordre de marche  . . . . . . .    64,850 —
   — du tender.  . . . . . . . . . . . .       34,000 —
```

Les roues du truck d'avant sont munies de bandage en acier et ont $0^m,838$ de diamètre ; celles du truck d'arrière ont un diamètre plus grand égal à $1^m,067$. Ces roues sont en fonte coulée en coquille.

Cette machine était munie du dispositif adopté par les ateliers de Rhode Island pour l'admission directe de la vapeur dans le grand cylindre ou la marche en compound.

Le châssis du tender est en chêne blanc consolidé par de fortes armatures ; les essieux sont en fer forgé.

Locomotive compound, type voyageurs, à 8 roues
DU " NEW-YORK, NEW-HAVEN ET HARTFORD RAILROAD ".
(Planche 44-45)

Cette locomotive est représentée en vue perspective sur les pl. 40-41, et en élévation et coupes sur les planches 44-45, dans beaucoup de ses détails elle est analogue à la machine du « Chicago, Milwaukee and Saint-Paul Railroad » que nous venons de décrire, ainsi les cylindres et les dimensions des tiroirs sont des mêmes.... Les principales dimensions sont les suivantes :

```
Diamètre des cylindres .  . . . . . . .    0ᵐ,533 et  0ᵐ,787
Course des pistons  . . . . . . . . . .             0 ,660
Diamètre des roues motrices  . . . . . . .           1 ,981
Largeur de la voie.  . . . . . . . . . .             1 ,435
Distance entre les essieux moteurs  . . . . .        2 ,591
Empattement rigide.  . . . . . . . . ʳ . . . .       2 ,591
     —        total . . . . . . . . . . . .          6 ,934
Longueur totale de la machine et de son tender  . .  14 ,484
Poids total de la locomotive.  . . . . . . . .       56.700 kilog.
Poids sur les essieux moteurs . . . . . . . . .      38.100 »
   — sur le truck  . . . . . . . . . . .             18.600 »
   — du tender .  . . . . . . . . . . .              34.000 »
Capacité du tender en eau.  . . . . . . . . .        18ᵐ3,17
```

La chaudière est en acier, et est essayée à une pression de $18^k,30$. Les tubes sont en fer au bois, ils sont au nombre de 250, et ont 51 milli‑

mètres de diamètre et 3^m,277 de longueur, ils sont assemblés à la plaque tubulaire arrière, du côté de la boîte à feu, avec des viroles en cuivre.

Le foyer est en acier, il a 1^m,829 de longueur sur 1^m,048 de largeur. Les tôles du foyer ont 9^{mm},6 d'épaisseur à l'exception de la plaque tubulaire qui a 12^{mm},7. L'épaisseur de la lame d'eau est 89 millimètres sur les côtés et à l'arrière, elle est variable de 89 à 114 millimètres à l'avant. Les entretoises ont 22 et 25 millimètres de diamètre, et sont écartées au maximum de 108 millimètres, Le ciel du foyer est supporté par des entretoises radiales. La grille est formée de tubes creux à circulation d'eau, et brûle de l'anthracite.

Comme il a été indiqué ci-dessus, les cylindres ont 0^m,533 et 0^m,787 de diamètre avec une course de 0^m,660. Ils sont fondus en deux pièces. Les pistons sont en fonte ainsi que leurs segments. Les tiges sont en acier et les glissières en fonte. Les têtes de crosse sont en acier fondu et leurs coussinets en bronze. Les bielles d'accouplement et les boutons des manivelles sont en acier. Le mécanisme du mouvement des tiroirs est la coulisse ordinaire; toutes ses parties sont en fer forgé et trempé. Les roues motrices en fonte au nombre de quatre ont 1^m,981 de diamètre à l'extérieur des bandages et sont tournées à 1^m,803 pour les recevoir. Ces derniers sont en acier Krupp au creuset, et ont 89 millimètres d'épaisseur, sur 146 millimètres de largeur.

Les essieux sont en fer forgé, leurs fusées ont 0^m,203 de diamètre sur 0^m,292 de longueur. Les longerons sont en fer forgé.

Les tôles du tender ont 6^{mm},3 d'épaisseur et sont rénforcées par des cornières. Le châssis est en chêne blanc. Les roues qui sont munies de bandages en acier ont 0^m,914 de diamètre, les essieux sont en fer forgé, avec des fusées de 108 millimètres de diamètre et 203 millimètres de longueur.

En résumé, cette machine rappelle en tous points le type « American » dont nous avons à plusieurs reprises entretenu nos lecteurs. Les roues du truck sont freinées ce qui est très rare dans les machines américaines.

Locomotive compound à 2 cylindres, type "Consolidation".

Cette locomotive représentée par les planches 44 et 48 est à 8 roues accouplées, avec un truck d'avant ou poney truck.

Les diamètres des cylindres à haute et basse pression sont respectivement de 0^m,533 et 0^m,787, la course des pistons étant de 0^m,610. Les roues motrices ont 1^m,270 de diamètre, la distance d'axe en axe de leurs essieux extrèmes est de 4^m,572, et l'empattement total de 6^m,858.

Le poids de la locomotive atteint 59 000 kilogrammes se décomposant en 53 600 kilogrammes sur les essieux moteurs, et 5 400 kilogrammes seulement sur le truck. Le tender pèse 34 000 kilogrammes, et sa soute à eau contient 18$^{m^3}$,17.

La chaudière est en tôle d'acier de 14 millimètres d'épaisseur, les rivets employés ont 22 millimètres de diamètre et sont sur deux rangs aux rivures horizontales et à la boîte à feu. La forme adoptée est le « wagon top », le diamètre de la chaudière est de 1^m,574, et celui du dôme de vapeur 0^m,762.

Les tubes, en fer au bois, sont au nombre de 246. Ils ont un diamètre extérieur de 51 millimètres et 4^m,165 de longueur, ils sont maintenus du côté du foyer par des viroles en cuivre.

Le foyer est en acier, d'une épaisseur uniforme de 9^{mm},5, à l'exception de la plaque tubulaire dont l'épaisseur est portée à 12^{mm},7. La longueur de la boîte à feu est de 2^m,743 et sa largeur de 0^m,864.

La chaudière et la boîte à feu sont essayées à 14^k,08 par la vapeur sous pression, et 18^k,30 par l'eau sous pression. La pression normale qu'elles ont à supporter est de 12$_k$,67 seulement.

Les entretoises de la boîte à feu ont jusqu'à 22 centimètres de longueur et 25 millimètres de diamètre. Elles sont espacées de 114 millimètres.

Les longerons sont complètement en fer forgé leur forme est clairement indiquée par les dessins, ainsi que la disposition des cylindres, la forme des têtes de crosse... Les roues accouplées qui, comme nous l'avons dit ci-dessus ont 1^m,267 de diamètre, sont tournées à 1^m,118 pour recevoir les bandages. Ces derniers sont en acier Midvale et ne portent des boudins que sur les première et quatrième paires de roues, ainsi que sur les roues du truck.

Tous les essieux sont en fer forgé avec des fusées qui pour les roues motrices mesurent 0^m,214 de diamètre sur 0,203 de longueur. Les roues munies de boudins ont 0^m,146 de largeur, et les autres 0^m,152.

Ateliers Rogers, à Paterson (New-Jersey).

L'exposition de ces ateliers se compose de trois locomotives. La première est le type voyageurs du *Chicago, Burlington and Quincy*

Railroad, à deux essieux accouplés. La seconde est le type 10 roues du *Charleston and Savannah Railroad*, avec trois essieux accouplés. Ces deux machines ont chacune boggie à quatre roues à l'avant.

La troisième locomotive exposée est à quatre essieux accouplés, et truck à deux roues seulement, elle est du type *Consolidation*, de la Compagnie de l'Illinois Central.

Locomotive, type voyageurs, à 8 roues
DU "CHICAGO, BURLINGTON AND QUINCY RAILROAD".

Cette machine est représentée en élévation et coupes sur les planches 45 et 48 et les détails de la chaudière et des longerons sont donnés sur la planche 46.

La distance entre les essieux moteurs est de $2^m,591$, et entre les essieux extrèmes de $6^m,998$. Les roues motrices ont $1^m,753$ de diamètre et les roues du truck $0^m,940$ seulement, les premières supportant un poids de 29 700 kilogrammes et les secondes un poids non adhérent de 16 550 kilogrammes.

Les cylindres ont $0^m,457$ de diamètre et une course de $0^m,610$. La surface totale de chauffe est de $131^{m2},73$, comprenant une surface de chauffe directe de $10^{m3},22$.

Le poids du tender chargé est de 32 650 kilogrammes et son empattement total de $4^m,775$. Les autres données de la locomotive sont inscrites dans le résumé ci-dessous :

Largeur de la voie	$1^m,435$
Combustible	Charbon gras.
Empattement total de la machine et de son tender.	$14^m,706$
Empattement total de la machine seule.	6 ,998
Distance d'axe en axe des essieux moteurs.	2 ,594
Poids adhérent	29.700 kilog.
Poids total.	46.250 »
Diamètre des cylindres.	$0^m,456$
Course —	0 ,610
Distance d'axe en axe des cylindres.	1 ,930
Dimensions des orifices d'admission.	$0^m,044 \times 0^m,451$
— — d'échappement.	$0^m,086 \times 0^m,451$
Diamètre de la tige du piston.	$0^m,083$
Garnitures métalliques système	Jérôme.
Tiroir équilibré	Robertson.

Course maximum	0ᵐ,1524
Recouvrement extérieur	0 ,0270
Avance	0 ,0016
Avance en pleine admission	0 ,0016
Diamètre des roues motrices, bandage non compris.	1 ,575
— — — bandage compris . .	1 ,753
— des fusées des essieux du truck	0 ,140
Longueur — — —	0 ,229
Matière des essieux.	Acier Coffin.
Diamètre des roues du truck	0 ,940

Locomotive, type à 10 roues

DU " CHARLESTAN AND SAXANNAH RAILROAD ".

Cette machine est representée en élévation et coupes sur la pl. 45-48 et les détails de la chaudière et des longerons sont donnés sur la planche 50-51. Elle est destinée à la voie de 1ᵐ,448. On a vu que la locomotive précédente était destinée à la voie de 1ᵐ,435, néanmoins la plupart des machines américaines circulent indifféremment sur l'une et sur l'autre de ces voies.

Les cylindres ont un diamètre de 0ᵐ,483 et une course de 0ᵐ,610, les roues motrices ont 1ᵐ,841 de diamètre. Le poids adhérent supporté par les six roues accouplées est de 44 700, ce qui donne, avec un poids sur le truck de 15 650 kilogrammes, un poids total de 60 350 kilogrammes. La surface de chauffe est des plus considérables et atteint 182ᵐ,83. Les autres détails sont donnés par le tableau ci-dessous :

Largeur de la voie	1ᵐ,448
Type de la locomotive	10 roues.
Nature du combustible. ·	Charbon gras.
Empattement total de la machine et de son tender .	15ᵐ,900
— total de la machine seule.	7 ,518
D'axe en axe des essieux moteurs extrêmes. . . .	4 ,112
Poids adhérent.	44.700 kilog.
— sur le truck	15.650 —
— total de la machine.	60.360 —
Diamètre des cylindres.	0ᵐ,483
Course —	0 ,610
Type de la chaudière	Belpaire.
Diamètre intérieur	1ᵐ,422
Pression à la chaudière.	11ᵏ,62

Longueur intérieure de la boîte à feu . . . .   2^m,134
Largeur   - -   —   . . . . .   1 ,067
Épaisseur d'eau autour de la boîte à feu . . . .   0 ,0095
Épaisseur du ciel du foyer. . . . .   0 ,0095
   — des flancs du foyer. . . . .   0 ,0095
   — à l'arrière du foyer. . . . .   0 ,0095
   — des plaques tubulaires. . . . . . .   0 ,0127
Rivure horizontale . . . .
  — radiale à deux rangs de rivet . . . . .
Matières des tubes . . . .   Fer.
Nombre des tubes   217
Diamètre extérieur . . . .   0^m,051
Longueur des tubes entre les plaques de tête. . .   3 ,214
Surface de chauffe des tubes . . . .   121^{m²},51
   — de la boîte à feu . . . .   10^{m²},22
   — totale. . . . .   131^{m²},73
Surface de la grille. . . . .   2^{m²},28
Plus petit diamètre de la cheminée . . . . . .   0^m,330
     Tender :
Poids total, chargé. . . . .   32.650 kilog.
Empattement total. . . . .   4^m,775
Nombre de roues, ...   8
Diamètre des roues. . . . .   0^m,940
   — des fusées . . . .   0 ,108
Longueur des fusées . . . .   0 .203
Capacité du tender en eau. . . . .   15^{m3},8
   — — en combustible . . . .   7 tonnes.

Les longerons du tender sont en chêne blanc, les essieux soit de la machine, soit du tender, sont munis de bandages provenant des usines Brunswick. Enfin la grille est, comme dans la plupart des locomotives, formée de barreaux oscillants en fonte.

Locomotive type Consolidation de " l'Illinois Central Railroad "

Cette machine à marchandise est à quatre essieux accouplés, avec un truck d'avant à deux roues. Les trois essieux d'arrière ont été rapprochés le plus possible les uns des autres, la distance d'axe en axe étant de 1^m,524, alors que le diamètre des roues est de 1^m,435 à l'extérieur des bandages, une des paires de roues est cependant dépourvue de boudins pour faciliter le passage de la machine dans les courbes.

Les planches 48-49-51, représentent les traits principaux de cette locomotive. La figure 1 est une élévation longitudinale, la figure 2 est une coupe en avant des cylindres, la figure 3 est une coupe transversale entre les deux essieux moteurs : la figure 4 représente une demi-élévation à l'arrière du tender, et une demi-section transversale à travers la plate-forme de manœuvre.

Les pièces de support principales sont en fer forgé, les glissières sont en acier (et du type Laird), et les têtes de crosse en acier fondu. Les roues motrices ont $1^m,435$ de diamètre à l'extérieur des bandages en acier (qui ont $1^m,257$ de largeur) et $0^m,991$ à l'intérieur de ces bandages. Les essieux moteurs sont en acier, avec des fusées de $0^m,203$ de diamètre et $0^m,254$ de longueur.

Les boites à graisse sont en bronze Damascus. Les bielles d'accouplement et les tiges de suspension de la coulisse sont en acier martelé, ainsi que les chapes et les clavettes des bielles principales.

Les principales dimensions et conditions d'établissement sont les suivantes :

La boîte à feu est de dimensions considérables, avec une longueur de $3^m,302$ à l'extérieur, et de $3^m,089$ à l'intérieur. La largeur mesurée au ciel du foyer est de $1^m,321$, et elle est réduite à $0^m,848$ à la partie inférieure afin de passer entre les longerons.

Les tubes sont au nombre de 236. Ils ont 51 millimètres de diamètre et $3^m,619$ de longueur. La surface de chauffe totale est de $137^{m^2},35$, comprenant une surface de chauffe directe de $2^{m^2},23$ et une surface de chauffe des tubes de $134^{m^2},12$. La surface de la grille est de $2^{m^2},78$.

Les autres dimensions et conditions d'établissement sont données dans le tableau ci-dessous :

Largeur de la voie	$1^m,435$
Type de la machine.	« Consolidation »
Nature du combustible.	Charbon gras.
Empattement total de la machine et de son tender. .	$14^m,566$
Empattement total de la machine.	7 ,442
Distance d'axe en axe des essieux moteurs extrêmes.	3 ,048
Poids total de la machine.	62.300 kilog.
Poids adhérent	53.800 »
Diamètre des cylindres.	$0^m,533$
Course des cylindres.	0 ,610
Distance entre les axes des cylindres.	2 ,184

Dimension des orifices d'admission. . . . . . . $0^m,032 \times 0^m,457$
     —   —   d'échappement. . . . . $0,064 \times 0,457$
Diamètre de la tige du piston. . . . . $0^m,089$
Garnitures métalliques type. . . . . United States
Tiroir type . . . . Margach.
Course maximum du tiroir. . . . . $0^m,140$
Recouvrement extérieur. . . . . $0,0206$
     —   intérieur. . . . . $0,0016$
     —   dans la marche à pleine pression . . $0,0016$
Diamètre des roues motrices à l'extérieur des bandages $1,435$
     —   —   — à l'intérieur des bandages $1,257$
Diamètre des fusées des roues motrices. . . . . $0,203$
Longueur   —   —   — . . . . $0,254$
Diamètre des roues du truck . . . . $0,838$
Diamètre des fusées des roues du truck. . . . . $0,127$
Longueur   —   —   — . . . . $0,254$
Type de la chaudière . . . . Belpaire.
Pression à la chaudière. . . . . $11^k,62$
Diamètre à l'extérieur de la première virole. . . . $1,575$
Longueur intérieur de la boîte à feu. . . . . . $3,089$
Largeur   —   — . . . . . . $0,848$
Épaisseur d'eau autour de la boîte à feu :
   à l'avant. . . . . $0^m,102$
   à l'arrière et sur les côtés. . . . . $0,089$
Épaisseur des tôles du foyer :
   Ciel. . . . . $0^m,0096$
   Flancs. . . . . $0,0079$
   Tôle d'arrière. . . . . $0,0079$
   Plaques tubulaires . . . . $0,0143$
Matière des tubes. . . . . Fer.
Nombre des tubes 236
Diamètre extérieur des tubes. . . . . $0^m,051$
Longueur à l'extérieur des plaques de tête. . . . $3,619$
Surface de chauffe des tubes. . . . . $135^{m^2},12$
   —   —   directe du foyer. . . . . $2^{m^2},23$
   —   —   totale . . . . $137^{m^2},35$
Surface de grille. . . . . $2^{m^2},78$
Type de grille . . . . Barreaux oscillants
Cendrier . . . . Hopper.
Plus petit diamètre de la cheminée. . . . . . $0^m,406$
Du sommet de la cheminée au-dessus du rail. . . $4,610$
   Tender :
Poids total chargé . . . . 35.400 kilog.
Empattement total . . . . $4^m,572$
Nombre de roues 8

Diamètre des roues. 0ᵐ,914
Métal des essieux . . . .   acier
Matière des longerons . . . .   Chêne blanc.
Capacité du tender en eau. 17ᵐ³,50
—   —   en charbon. . . . .   7 tonnes.

Locomotive compound du " Lake Street Elevated " (Chicago)

Les quatre vues des planches 46 et 47 représentent les traits principaux de cette locomotive.

La figure 1 est une élévation longitudinale;

La figure 2 est une coupe en avant des cylindres;

La figure 3 est une coupe transversale entre les deux essieux moteurs;

La figure 4 représente une demi-élévation à l'arrière du tender, et une demi-section transversale à travers la plate-forme de manœuvre.

Les pièces de support principales sont en fer forgé; les glissières sont en acier (et du type Laird), et les têtes de crosse en acier fondu. Les roues motrices ont 1ᵐ,118 de diamètre à l'extérieur des bandages en acier (qui ont 0ᵐ,133 de largeur) et 0ᵐ,991 à l'intérieur de ces bandages. Les essieux moteurs sont en acier, avec des fusées de 0ᵐ,152 de diamètre et 0ᵐ,133 de longueur; les boîtes à graisse sont en bronze Damascus; les bielles d'accouplement, ainsi que les chapes et les clavettes des bielles principales sont en acier; les essieux du truck sont également en acier; leurs fusées ont 0ᵐ,083 de diamètre et 0ᵐ,152 de longueur.

Les principales dimensions et conditions d'établissement sont les suivantes :

Poids total de la machine. . . . .   27,200 k.
—   adhérent . . . .   19,500 —
—   sur le truck . . . .   7,700 —
Diamètre des roues motrices 1ᵐ118
—   —   du truck 0 711
Longueur totale de la machine 7 296
Distance d'axe en axe des essieux moteurs. . .   1 524
Type de chaudière . . . .   wagon-top
Epaisseur des viroles de la chaudière 0ᵐ011
Pression de la vapeur 12ᵏ67
Nombre des tubes   188

Diamètre   — 0ᵐ038
Longueur   — 1 981
Surface de la grille. . . . . . .   1ᵐ473 × 1ᵐ083
Boîte à feu :
Epaisseur des tôles : aux flancs 0ᵐ008
          —   à l'arrière 0 008
          —   à la partie cintrée 0 008
Epaisseur des plaques tubulaires. 0 011
Nature du combustible. . . . . . . charbon anthraciteux

Piston des locomotives compound Rogers.

Il est désirable pour les locomotives compound surtout, de réduire le plus possible le poids des pièces en mouvement, à condition bien entendu que cela ne nuise en rien à leur résistance. Nous disons surtout pour les locomotives compound, car le poids d'un piston des cylindres à basse pressionest environ le double de celui d'un piston de la locomotive à cylindres indépendants de même force.

C'est ce que les constructeurs de locomotives compound ont compris, et les essais de pistons légers du Chicago Burlington et Quincy Railroad d'abord, puis du Lehigh Valley (compound système Dean) le prouvent amplement. Les divers systèmes imaginés sont ceux des ateliers Baldwin (piston en acier fondu) et des ateliers Rogers.

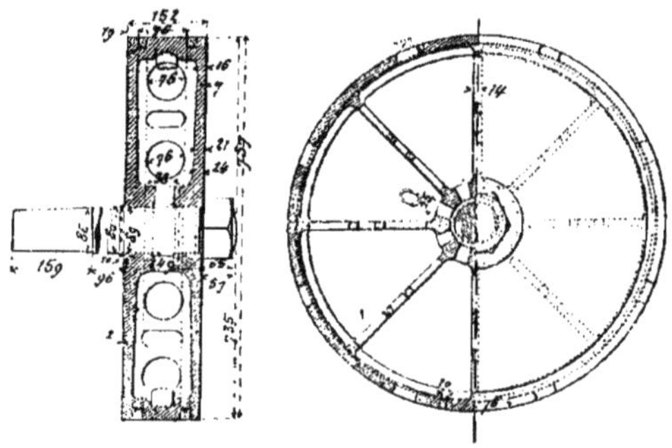

Fig. 24. — Piston des grands cylindres des machines Rogers.

Un piston de 0ᵐ,737 de diamètre construit par ces derniers ateliers pour leurs machines compound de l'Illinois Central. (Le piston des compound Dean s'éloigne peu de ce système). Il ne pesait que 195 kilogrammes seulement, y compris les segments tournés à 0^m,749. La composition du métal du piston est la suivante :

Acier à poinçons.	25 %
Fonte	75 %

Cet alliage est fondu au creuset.

Autres locomotives Rogers.

Les trois machines que nous venons de décrire étaient les seules exposées par les ateliers Rogers au World's Fair; vu l'importance de ces ateliers, nous donnerons néanmoins sur les planches 52 et 53 les vues perspectives de plusieurs autres types construits à l'usine de Paterson.

Les planches représentent une machine type Mogol, une seconde, type Decapod, enfin une machine de manœuvre. Les planches contiennent en outre des locomotives à voie étroite qui sont de toutes formes et dimensions; dans ces dernières locomotives, le combustible employé est généralement le bois, mais certaines machines sont disposées de façon à brûler également du charbon gras.

Pour ne pas sortir des limites de cet ouvrage, nous donnerons seulement ces vues perspectives sans nous étendre aucunement sur tous les détails.

Locomotives à grande vitesse
DU " NEW-YORK CENTRAL AND HUDSON RIVER RAILROAD".

Locomotive de « l'Empire State Express ».

Sous ce nom, M. Buchanan, ingénieur en chef du « New-York Central and Hudson River Railroad » a fait construire successivement trois types peu différents les uns des autres.

Nous décrirons le premier type, connu à la Compagnie sous la désignation de machines 800 et dont la locomotive exposée au « World's Fair » se rapproche le plus. Nous passerons rapidement sur le second un peu plus puissant que le premier, et nous donnerons les détails complets de la dernière et la plus puissante locomotive, dont le type est la machine 999.

Les types 1 et 3 ont été construits aux ateliers de la Compagnie à

West Albany, New-York; le type 2 a été exécuté aux ateliers Schenectady.

Nous réserverons momentanément l'étude des tiroirs, pour la reporter après une rapide comparaison des locomotives américaines, type 8 roues à grande vitesse, des divers réseaux, et après la description de la machine du « Lake Shore and Michigan Southern Railway », la seule qui se rapproche beaucoup, en puissance, de « l'Empire State Express ». Les données des tiroirs de ces deux locomotives sont d'ailleurs intéressantes à comparer.

Machines type 800.

Le poids de la machine, en ordre de marche est de 57 200 kilogrammes le poids adhérent est de 36 900 kilogrammes et le poids sur le truck de 20 300 kilogrammes. Ce dernier poids, très considérable, est transmis par l'intermédiaire de fusées qui n'ont pas moins de $0^m,216$ de diamètre sur 0,254 de longueur. Les roues du truck ont 0,914 de diamètre. La boîte à feu, comme le montrent les dessins est inclinée vers l'avant, elle est placée au-dessus des longerons, et a environ $2^m,438$ de longueur sur 1,041 de largeur. Les autres dimensions sont données ci-après sous forme de tableau.

Dès leur apparition, ces machines ont eu un grand succès, elles fournissent une bonne production de vapeur, et ont presque autant de puissance de traction que les locomotives à grande vitesse du type 10 roues employées dans l'Ouest des États-Unis. Les machines type 10 roues ont en effet un poids adhérent voisin de 40 000 kilogrammes, et nous avons vu plus haut que les machines type 800, à 8 roues ont un poids adhérent presque égal (36 900 k.)

Le 28 mars 1892, une des machines de ce type a parcouru une distance de 34 kilomètres en 17 minutes 40 secondes, ce qui correspond à une vitesse moyenne de 116 kilomètres par heure.

Le 25 juillet suivant, un trajet de 162 kilomètres sur la ligne de l'Hudson River fut accompli avec une vitesse moyenne de 98 kilomètres.

Le 26 septembre, la distance d'Irvington à Albany, soit 192 kilomètres était parcourue à une vitesse moyenne de 96 kilomètres 8.

Le 14 octobre, entre Syracuse et Buffalo (distance de 220 k.). Même vitesse moyenne.

Enfin de Syracuse à Utica, soit 83 kilomètres, la locomotive accomplit le trajet en 46 minutes, ce qui correspond à 108 kilomètres par heure.

La simplicité a été recherchée dans tous les organes de la locomotive et les frais d'entretien sont des plus réduits eu égard à l'effort produit.

Les dimensions principales sont les suivantes :

Diamètre des cylindres	0^{m}483
Course des pistons	0 610
Epaisseur des pistons	0 127
Garniture de la tige, type	V.S, métallique
Segments des pistons	fonte
Diamètre de la tige des pistons	0^{m}086
Dimension des orifices d'admission	0^{m}457 × 0^{m}032
— — d'échappement	0 457·× 0 070
Tiroirs, course maxima	0^{m}140
— recouvrement extérieur	0 025
— — intérieur	0
Type des tiroirs	Richardson équilibrés
Diamètre des roues motrices à l'extérieur des bandages	1^{m}931

Les bandages sont maintenus à la fois par le serrage et des anneaux de retenue Mansell.

Diamètre des fusées des essieux moteurs	0^{m}216
Longueur — —	0 267
Diamètre des roues du truck	0 914
— des fusées —	0 152
Longueur — —	0 254
Pression à la chaudière	12^{k}67
Type de chaudière	wagon-top
Diamètre à l'extérieur de la première virole	1^{m}473
Rivures horizontales	à 4 rangs de rivets avec couvre-joint intérieur
Rivures verticales	à 2 rangs de rivets
Dimensions de la boîte à feu, à l'intérieur :	
Longueur	2^{m}443
Largeur	1 038
Hauteur à l'avant	1 784
— à l'arrière	1 480
Nature des tôles	Acier
Epaisseur des tôles du ciel de foyer	0^m,0095
— — du foyer sur les côtés et en arrière	0 ,0079

Epaisseur d'eau autour de la boîte à feu, en avant. 0 102
  —   —   — sur les côtés. 0 076
  —   —   — en arrière. . 0 076
Nature des tubes . . . . Fer au bois
Nombre 268
Diamètre extérieur. . . . . 0^m051
Longueur à l'extérieur des plaques tubulaires. . 2 134
Surface de chauffe des tubes . . . . $155^{m2}20$
 — — directe du foyer 13 72
 — — totale 168 92
 — de la grille 2 54
Type de la grille. . . . . Barreaux oscillants
Diamètre intérieur de la cheminée . . . . . 0^m406
Du dessus de la cheminée au-dessus du rail . . 4 470
Alimentation de la chaudière. . . . . . 2 injecteurs Monitor
Tender :
Poids du tender chargé. . . . . 37,500 k.
Nombre des roues 8
Diamètre — . . . . 0^m914
Empattement total du tender 4 636
Capacité du tender en eau. . . . . $15^{m3}9$
 — — en charbon . . . . . . 6^t75
Empattement total du tender et de la machine. . 14^m236
Longueur totale — — . . 17 417
Poids total, en ordre de marche . . . . . . 57,200 k.
Poids adhérent . . . . 36,900 —
Empattement total de la machine . . . . . 7^m290
Empattement rigide — 2 591
Nature du combustible. . . . . Charbon gras

Les roues de la machine, y compris celles du boggie porteur, ainsi que celles du tender sont munies du frein Westinghouse. La locomotive est également pourvue d'un sifflet signal à air.

La machine exposée au World's Fair ne diffère que par son extérieur de celle qui vient d'être décrite. Le finissage surtout était des plus soignés. Les parties fonte ou acier laissées claires, ont été polies avec grand soin, les tuyaux de l'injecteur et quelques autres parties ont été nickelées, les lettres ont même été argentées. La lanterne de tête était très soignée. La toiture de la cabine du mécanicien et du chauffeur était en noyer noir et bois à teinte plus faible. Les autres parties étaient vernies avec grand soin.

On remarquera également le type robuste de chasse-bœuf qui a été adopté, et qui répond bien au grand aspect de la locomotive.

Machines type 903.

Cette deuxième forme de « l'Empire State Express » diffère peu de la précédente. Ce type a été exécuté aux ateliers Schenectadez. Les principales modifications apportées au type 800 consistent dans l'accroissement du diamètre des roues motrices — ce diamètre a été porté à $2^m,171$ — et l'accroissement du poids adhérent, porté à 37000 kilogrammes, la pression à la chaudière est de 12 k. 67.

Ces machines ont fonctionné régulièrement avec les horaires suivants :

New-York, départ $8^h,30$ m.; Albany (230 kilomètres), départ $11^h,15$ m.; Utica (382 kilomètres), départ $1^h,10$ s.; Syracuse (468 kilomètres), départ $2^h,15$; Rochester (597 kilomètres), départ $3^h,47$; Buffalo (702 kilomètres), arrivée à $5^h,10$ s. Les heures comprennent 5 minutes d'arrêt à Albany et Syracuse pour changer de machine.

La vitesse moyenne, y compris les arrêts, a été de $81^{km},6$ par heure-

Le profil est très facile et la voie bonne mais la charge du train était élevée et se composait de cinq véhicules pesant 45 tonnes soit 225 tonnes.

Machines type 999.

Cette locomotive franchit la distance de New-York à Buffalo (702 kilomètres) en 8 h. 40 avec un train composé de 5 cars pesant $233^t,6$. Elle est représentée en vue perspective par les planches 90 et 91 *bis*, en élévation de côté par les planche 56 et 57. Les détails de la chaudière sont figurés planches 56 et les autres détails sur les planches 58 à 65.

La machine est toujours du type 8 roues et a été construite sous la direction de M. William Buchanan aux ateliers de la Compagnie du New-York Central à West Albany. Les dimensions des cylindres et la course des pistons sont restées les mêmes qu'aux machines du type 800, soit un diamètre de $0^m,483$ et une course de $0^m,610$. Les bandages ont $0^m,089$ d'épaisseur et $0^m,146$ de largeur; ils sont réunis aux centres des roues, qui sont en fonte, par des anneaux de retenue Mausell. La distance entre les essieux moteurs est de $2^m,591$, l'empattement total de $7^m,290$, la distance entre les essieux du truck de $2^m,032$.

La chaudière est du type wagon top. La surface totale de chauffe est de 179^{m3},34 et la surface de la grille de 2^{m3},85. La boîte à feu a une plus grande hauteur à l'avant qu'à l'arrière, et a 2^{m},743 de longueur sur 1^{m},038 de largeur.

La capacité du tender en charbon est de 6^{t},75 et la capacité en eau est de 16^{m3},30.

Comme aux machines du type 800, les roues de la machine, y compris celles du boggie porteur, ainsi que celles du tender sont munies du frein Westinghouse. Les injecteurs sont du type Nathan.

Les principales dimensions sont réunies dans le tableau ci-dessous :

Cylindres	0^{m}483 × 0^{m}610
Diamètre des roues motrices à l'extérieur des bandages.	2 184
— — du truck	1 016
Longueur totale de la chaudière	8 030
Diamètre à l'extérieur de la première virole.	1 473
Dimensions de la boîte à feu	2^{m}762 × 1 038
Nombre des tubes	268
Diamètre —	0^{m}051
Longueur —	3 658
Pression à la chaudière	13^{k}57
Surface de chauffe des tubes	157^{m²}65
— — du foyer	21 63
— — totale	179 34
— de la grille	2^{m}85
Diamètre intérieur de la cheminée	0 387
Poids total	56,250 k.
— adhérent.	38,100 —
D'axe en axe des essieux moteurs	2^{m}591
Poids du tender chargé	36,300 k.
Poids total, machine et tender	92,550 —
Hauteur du dessus du rail au sommet de la cheminée.	4^{m}521
Longueur totale	12 ,058

Détails de la chaudière.

Comme on le voit sur la planche 66, la chaudière est du type wagon-top; le foyer est du type Buchanan, type d'ailleurs adopté pour toutes les machines du « New-York Central Railroad ». On a beaucoup discuté au point de vue de la consommation du combustible, et par suite au point de vue économique, cette disposition de foyer avec lame d'eau au milieu.

La lame d'eau, qui a 0^{m},114 d'épaisseur est enfermée entre deux tôles inclinées ; la tôle inférieure a une épaisseur de 0^m,011 et la tôle supérieure 0^m,008 seulement. Ces tôles sont réunies à l'avant, à l'arrière et sur les côtés aux tôles du foyer. Une ouverture de 0^m,483 de longueur sur 0^m,660 de largeur est ménagée pour permettre le passage des produits de la combustion.

On remarquera la disposition ingénieuse des tôles autour de cette ouverture. La tôle inférieure est recourbée et rivée à la tôle supérieure. Ce mode d'attache évite à la rivure d'être directement en contact avec les flammes, et partout la tôle leur présente une épaisseur uniforme.

Ce bouilleur plus complet que ceux qui ont été en général employés en Europe, nous paraît d'une heureuse disposition, et est certain qu'au point de vue de la construction la disposition est encore plus complète qu'avec la voûte en brique classique et le déflecteur, ou le bouilleur Tenbrink de l'Orléans, avec le gueulard. Au point de vue de la production, la surface de chauffe est considérablement augmentée et les pinces des tubes sont protégées contre l'action directe des flammes. La seule critique qu'on pourrait diriger contre cette disposition est celle qui a rapport à la durée d'un tel bouilleur et des chances de fissures qui pourraient se produire pendant les dilatations nécessairement différentes entre les parois du bouilleur et celle du foyer, surtout dans sa partie supérieure. Mais la pratique y a répondu victorieusement, toutes les machines du New-York Central en sont munies et le service des foyers n'est en rien déduit, tandis que les tubulures semblent se conserver plus longtemps. On ne saurait trop entrer dans cette voie de bouilleurs intérieurs aux foyers, car loin de nuire au tirage comme l'allongement des tubes, ils améliorent la production en donnant un brassage énergique des gaz.

Le ciel du foyer est armé par des armatures transversales suspendues au berceau de l'enveloppe extérieure ou à l'intérieur du dôme.

Nous donnons un tableau comparatif des principales dimensions de différentes locomotives à grande vitesse, mises en services dans les deux dernières années sur différentes lignes.

En continuant l'examen de la chaudière, nous signalerons la porte du foyer, (pl. 58-59, fig. 16-17), en tôle emboutie avec un garde-flammes.

Les tubes sont en fer, chaque extrémité est entourée d'une bague en cuivre rouge brasé sur le tube, c'est cette bague qui vient porter contre la plaque tubulaire quand le tube est mandriné, une collerette est rabattue autour du tube (figure 13, planches 58-59). On remarquera que

Tableau comparatif de machines de l'Empire State express et de quelques autres locomotives à grande vitesse

NOMS DES RÉSEAUX	USINE où la machine a été construite ou nom du constructeur	Nombre des roues	Nombre des roues accouplées	POIDS adhérent	DIAMÈTRE des roues motrices	DIAMÈTRE des cylindres	COURSE des pistons	PRESSION à la chaudière	POIDS du tender chargé	POIDS sur le truck	POIDS TOTAL de la machine en ordre de marche	REMARQUES
				kil					kil	kil	kil	
Pensylvanie.	Altona, P.R.R.	8	4	33.250	1ᵐ727	0ᵐ470	0ᵐ610	11ᵏ26	29.700	15.050	48.300	Anthracite
.. . .	—	8	4	29.650	1,727	0,457	0,610	11,26	33.250	17.350	47 000	Charbon gras
Chicago Burlington and Quincy.	Aurora,C.B.etQ	»	6	41.500	1,727	0,483	0,610	11,62	33.550	8.400	49.900	
Chicago Milwaukee and St-Paul.	Schenectady	10	6	38 450	1,575	0,457	0,660	12,67	32.200	14.600	53.050	Charbon gras
— — .. .	Rhode Island	10	6	38.350	1,626	0,483	0,610	12,67	30.850	13.050	51.400	—
Baltimore et Ohio.	Baldwin	8	4	34.950	1,981	0,508	0,610	9,85	36.300	16.800	51.750	—
Philadelphia et Reading . . .	—	8	4	31.750	1,740	0,533	0,559	11,26	37.200	16.350	48.100	Foyer Wootten anthracite
Central of New-Jersey . . .	—	8	4	37.850	1,981	0,330 / 0,559	0,610	12,67	37.200	16.050	53.900	Compound anthracite
New-York Central.	Schenectady	8	4	36.900	1,981	0,483	0,610	12,67	36.600	20.300	57.200	Empire State-Express

les plaques tubulaires ont la même épaisseur, 14 millimètres. Les entretoises en fer sont perforées dans toute leur longueur.

Les armatures du ciel du foyer sont en fer double, à talons rapportés, les tirants ne sont pas vissés comme en Europe mais rivés, le serrage sur la tôle du ciel se fait sur un talon enfilé sur le rivet et reposant sur la ferme (figures 15 et 16, mêmes planches). Les tirants sont en fer à chappe et clavette.

Cet exemple de chaudière montre ce qu'on peut faire avec l'acier, certainement peu de chaudières de locomotives présentent des dispositions aussi compliquées pour le foyer, ce bouilleur est une pièce difficile à monter et cependant, avec l'acier, ces chaudières donnent un excellent résultat et font un très bon service. Certainement, avec les hautes pressions adoptées maintenant et qui ne feront que croître, il faudra bien imiter la pratique américaine et adopter l'acier pour la fabrication des foyers. Cette chaudière est bien faite pour rassurer ceux que l'emploi de ce métal inquiète.

L'échappement est double, c'est-à-dire que chaque cylindre a sa colonne spéciale, le diamètre de chaque orifice est de 83 millimètres et les centres des orifices sont à 140 millimètres de distance. Ces échappements sont étroits, car bien qu'il y en ait deux, les coups d'échappement, tant que les vitesses sont modérées, sont distincts et ne passent par la tuyère que les uns après les autres, aux très grandes vitesses il se fait un courant à peu près continu et l'échappement se trouve à peu près aussi large que ceux des machines européennes.

La chaudière est surmontée d'une cloche en bronze (figure 58) planches 64-65 ; cette cloche est mise en mouvement soit à la main soit par un piston à vapeur spécial.

La cabine du mécanicien est à l'arrière, elle est en bois et renforcée par des cornières en tôle d'acier.

Le centre de la chaudière est à 2^m,731 au-dessus du rail, cette grande hauteur a permis de faire reposer le cadre du foyer directement sur les longerons en fer carré. Malgré le grand diamètre des roues, il eut été encore possible d'augmenter le diamètre du corps cylindrique.

Cette grande hauteur donne beaucoup de facilité pour la surveillance et l'entretien de tout le mécanisme de la machine, et sans nuire en rien à sa stabilité, ce relèvement du centre de la chaudière est une chose que nous ne saurions trop signaler aux constructeurs d'Europe si timides dans cette voie. Loin de craindre cette hauteur, il faut la rechercher, car on se trouve, pour les machines à grande vitesse, dans des conditions bien meilleures pour l'augmentation de la surface de chauffe.

Le régulateur est comme dans toutes les machines américaines, à soupapes et équilibré. Cette disposition qu'on ne saurait trop recommander est représentée (fig. 31, planche 60-61) en coupe et en élévation, le siège et les soupapes sont en fonte, de manière à ce que le coefficient de dilatation étant le même, il ne puisse y avoir de coincement; ces régulateurs sont d'une manœuvre bien plus facile que les régulateurs à tiroirs si durs et si incommodes.

Les cylindres sont interchangeables, ils sont fondus d'une seule pièce portant avec eux la moitié de l'entretoise des cylindres et de la platine de support sur le boggie, ainsi que le support de la chaudière et les tuyaux d'échappement et de prise de vapeur (fig. 21 et 22, pl. 60-61) les tables des tiroirs sont en saillie sur le siège de la boîte à vapeur et les parois de celle-ci sont formées par un cadre qui lui-même reçoit le couvercle du tiroir. Cette disposition qui ne demande qu'un joint de plus est générale en Amérique et bien supérieure à la nôtre et même à la disposition allemande avec joint en biais qui ne permet pas l'emploi d'une contre-tige de tiroir.

Les tiroirs sont équilibrés du type Richardson, quatre réglettes découpant sur le dos du tiroir une surface soustraite à la pression, autre dispositif dont nous avons déja parlé et bien à recommander (fig. 27). Le plateau de tiroir porte une surface dressée sur laquelle viennent porter les réglettes (fig. 25 et 26).

Les plateaux de cylindre (fig. 23 et 24) sont également symétriques.

Une soupape de rentrée d'air et de sûreté est montée sur chaque cylindre, cette double soupape est représentée figure 30.

Dans la marche au régulateur fermé, la soupape inférieure se soulève tandis que la soupape supérieure reste appliquée sur son siège par le ressort qui la surmonte. Ce ressort est calculé de manière à ne pas se soulever pendant la marche à régulateur ouvert, mais seulement quand il se produit une pression exagérée, un entrainement d'eau par exemple.

Les garnitures (fig. 28 et 29, pl. 60-61) sont d'un type généralement adopté, sous les noms de Gérôme, David, National, etc. Le principe est toujours le même, donner le serrage de la garniture métallique sur un ressort calculé de manière à ne pas permettre un serrage exagéré, et ménager un certain jeu latéral à la garniture de manière à ce que, lorsqu'une légère usure a excentré la tige, celle-ci ne soit pas obligée, ou d'ovaliser la garniture ou de fléchir, ce jeu est ménagé d'une manière bien simple, le chapeau du presse-étoupe au lieu de serrer sur la garniture serre sur une bague qui peut glisser à son contact.

Mouvement et roues.

Nous donnons, figure 33, le dessin de la crosse du piston ; elle est en acier moulé, et les glissières (fig. 34, 35, 36) sont au nombre de quatre, disposition très employée en Amérique ; le réglage peut se faire par en dessus ou par en dessous, au moyen d'épaisseurs intercalées entre les glissières et les embases du support ou du cylindre.

Les bielles (fig. 37, 38 et 39) sont en acier, à section en double T, évidée à la fraise ; les bielles d'accouplement sont à bagues sans clavetage.

Au contraire, la bielle motrice est à chappe des deux bouts ; c'est une disposition très en faveur en Amérique, mais que nous ne nous expliquons pas très bien.

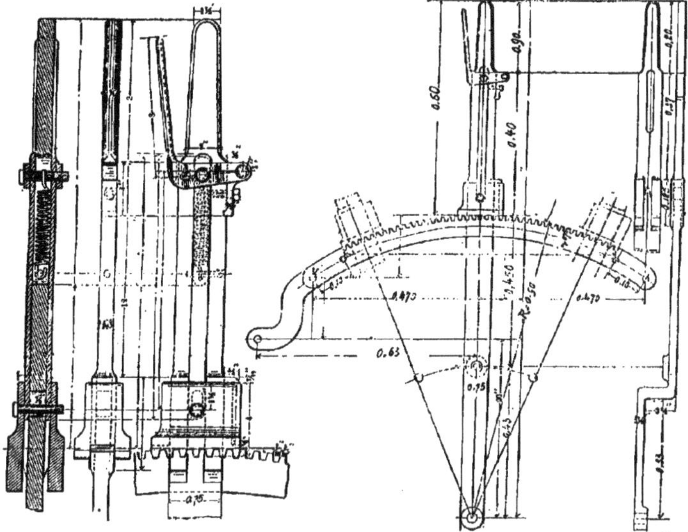

Fig. 25. — Levier de changement de marche.

Les colliers d'excentrique (fig. 40) sont en fonte ; ils commandent une coulisse Stephenson (fig. 41) à cage évidée. Ces coulisses sont commandées par un arbre de relevage (fig. 42) relevé ou abaissé par un simple levier de changement de marche; le contrepoids est formé par un ressort.

Les coulisses attaquent chacune un levier oscillant, qui lui-même est relié extérieurement aux longerons, aux tiges de tiroir qui sont très longues.

Les roues motrices (fig. 43, pl. 62, 63) sont en fonte; elles ont $2^m,07$ de diamètre. Les bandages en acier sont fixés avec des anneaux Mausell (fig. 44); bien qu'un peu plus lourdes que les roues en fer forgé, ces roues en fonte ne manquent pas d'élégance: les boutons de manivelles (fig. 46) sont en acier sans collets; cette disposition facilite le montage et le démontage.

Les boîtes à huile sont en bronze Ajax, avec garniture en métal blanc (fig. 45): le graissage se fait par en dessus; ces boîtes ne présentent aucun intérêt.

Le truck (fig. 48) n'a pas de déplacement latéral; le châssis est en fer, et le support du pivot repose sur deux ressorts suspendus sur deux pièces en fer s'appuyant sur les boîtes à grains; le châssis du truck n'a pas d'autre fonction que de servir de glissière aux boîtes à grains des essieux, et à en maintenir l'équerrage; le pivot figure 49 est en fonte.

Les boîtes à graisse sont en fonte avec coussinets de bronze; les roues, à centre en fonte, ont des bandages d'acier, avec fixation par anneaux (fig. 50-51).

Enfin le châssis de la machine porte à l'avant un chasse-bœufs (fig. 53) en cornière d'acier.

Le tender, dont nous donnons quelques dessins de détails (pl. 64-65), a un châssis métallique (fig. 62). Les trucks sont donnés (fig. 63 et 64). Ces trucks, à châssis métallique, ont double châssis; l'un entretoise les essieux, l'autre porte les pivots; entre les deux, un ressort renversé maintient la liaison.

Les boîtes (fig. 65) sont du type Paget.

Le tender est muni d'un appareil Ramsbottom pour l'alimentation en marche (fig. 66-67).

En somme, cette machine, à part sa chaudière, ou plutôt à part son foyer, est du type classique américain, mais avec des dimensions, une étude de détails qui en font la caractéristique du type. C'est pour cela que nous avons attendu à en parler, pour aborder quelques détails.

Ces détails, nous les retrouvons dans toutes les machines; ils sont consacrés par une longue expérience faite sur un réseau immense et dans des conditions d'exploitation très difficiles.

Mais il ne nous paraît pas possible de dépasser la puissance de cette machine sans modifier le type. Chaque essieu porte déjà 20 tonnes, et, s'il est possible de gagner un peu de poids sur les roues, il serait impossible de le faire sur le reste de la machine. On peut donc dire que cette splendide machine est la limite du type américain.

Comparaison des distributions du New-York central
(TYPE EMPIRE STAT EXPRESS)
ET DU
Lake Shore and Michigan Southern
(TYPE EXPOSITION FLYER)

La comparaison des tiroirs est au moins aussi intéressante que l'étude comparative des chaudières, car, après le générateur de vapeur, la question la plus importante est celle d'une bonne distribution, question qui pour les locomotives à grande vitesse devient encore plus importante.

Les deux tiroirs diffèrent entièrement par certains détails. Le tiroir des locomotives du « New York Central » est le tiroir équilibré simple. Il

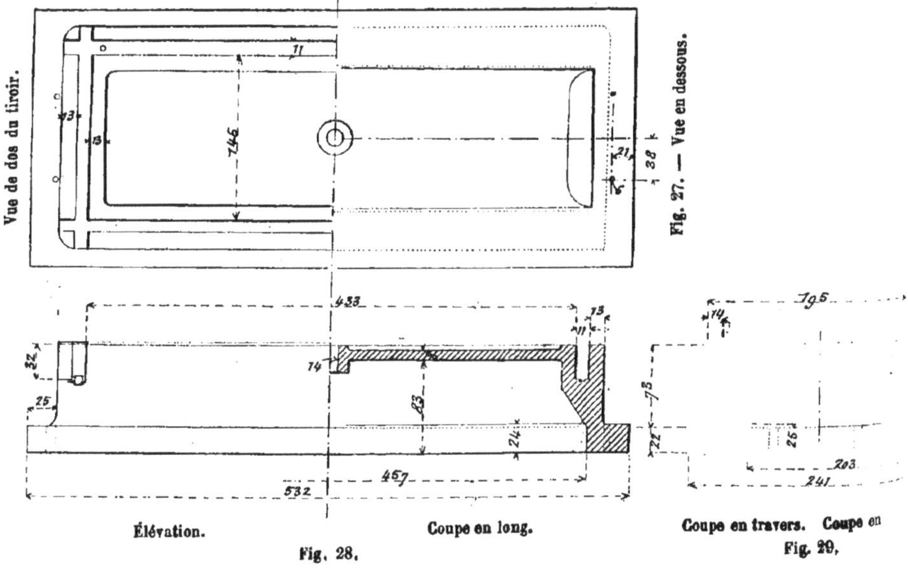

est représenté dans les figures 27, 28 et 29, et les données sont les suivantes :

Course du tiroir	0^{m}146
Recouvrement extérieur	0 025
— intérieur	0
Avance	0^{m}001,6
Orifices d'introduction	0^{m}457 × 0 032
— d'échappement	0 457 × 0 070

Les cylindres ont 0^m,483 de diamètre et la course du piston est de 0^m,610. Ce sont toutes les données que nous possédons sur ce tiroir.

Le tiroir des machines du « Lake Shore and Michigan Southern » est

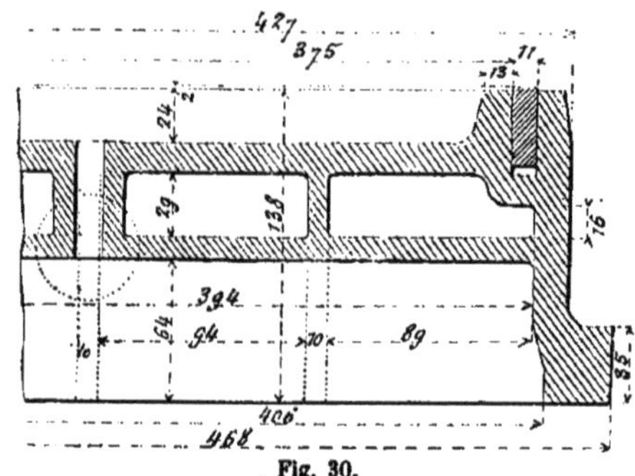

Fig. 30.

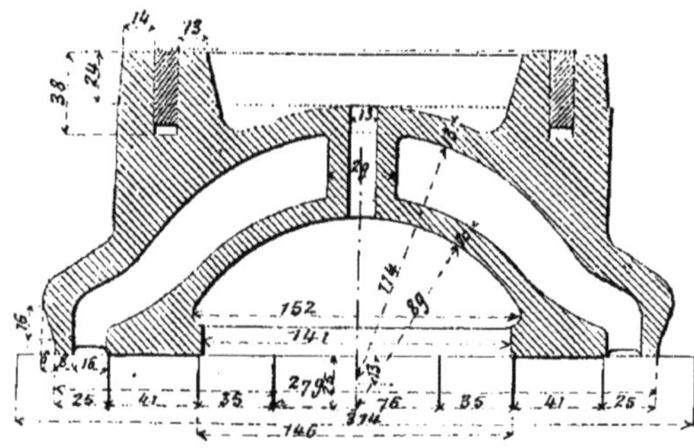

Fig. 31.

représenté par les figures 30 et 31, c'est un tiroir à canal intérieur ou tiroir de Trich, les données principales sont les suivantes :

Cylindres, course	0^{m}432
— diamètre	0 610

Pression à la chaudière	12ᵏ67
Orifices d'admission	0ᵐ406 × 0ᵐ041
— d'échappement	0 406 × 0 076
Course du tiroir dans la marche à pleine pression .	0 156
Recouvrement extérieur	0 025,4
— intérieur	0 002,4
Avance dans la marche à pleine pression	0 000,4
Course de l'excentrique	0 127
Rayon de la coulisse	1 727

Dans ce tiroir type Allen, nom qu'on lui donne en Amérique, un des traits les plus saillants est la grande surface présentée à l'admission de la vapeur. On remarquera qu'avec un recouvrement de 0ᵐ,025, cet orifice a 0ᵐ,016 de largeur. Un autre trait saillant consiste dans le grand recouvrement intérieur, qui est de 0ᵐ,002.4. Cette caractéristique se retrouve également dans tous les tiroirs Allen employés par les ateliers Brooks, constructeurs de ces locomotives; la longue course des tiroirs évite une compression excessive à fin de course, qui serait à craindre avec un plus petit déplacement du tiroir.

Une des raisons qui ont déterminé l'emploi de ce grand recouvrement intérieur, c'est le fait que cette disposition permet une épaisseur plus grande de métal entre les orifices d'admission et l'orifice d'échappement, ce qui diminue les chances de déformation des arêtes vives de ces orifices, sans que par suite les autres dispositions du distributeur en souffre.

Les points principaux sur lesquels portent les différences des tiroirs sont les suivants :

Dans le tiroir Allen la course est de 0ᵐ,156, contre 0ᵐ,146 dans le tiroir du « New-York Central »; le recouvrement intérieur, qui est de 0ᵐ,002.4 dans le premier, n'existe pas dans le second, et l'avance est plus petite de 0ᵐ,19. Le rapport de la surface de l'orifice d'admission à la surface du piston est de 1 à 12,6 pour la « New-York Central » et 1 à 8,73 pour le tiroir des ateliers Brooks. Les rapports des surfaces d'échappement et du piston sont respectivement de 1 à 5,73 et de 1 à 4,73. La vapeur passera donc plus facilement aux cylindres Brooks qu'aux cylindres du « New-York Central ». Il faut remarquer que ceci ne serait plus exact, vu la différence de diamètre des roues motrices, si les deux locomotives marchaient à la même vitesse à l'heure. La vitesse moyenne de la machine du « Lake Shore and Michigan Southern » a été de 75 par heure, et celle du « New-York Central » de 85, avec un nombre de révolutions moyen de 3,7 et 3,3 respectivement. Ainsi la vapeur a pratiquement le même temps d'entrée et de sortie dans les cylindres dans les deux cas, mais la machine Brooks conserve toujours l'avantage.

Il serait extrèmement intéressant de comparer les diagrammes fournis par les indicateurs à un même nombre de tours par minute, pour établir les valeurs intrinsèques de ces deux tiroirs, dans les conditions les plus identiques que possible.

Exposition des ateliers de construction de locomotives Baldwin
DE PHILADELPHIE.

Cette exposition ne comprenait pas moins de quinze machines ; nous étudierons successivement la plupart d'entre elles.

La « Royal Blue Line », qui comprend les réseaux du « Baltimore and Ohio » et du « Central Railroad of New-Jersey », était représentée par plusieurs locomotives à cylindres indépendants et à cylindres compound, généralement du type « American ». L'une d'elles nous servira de type pour décrire le système de distribution compound Baldwin. Une autre machine de la « Royal Blue Line » exposée à Jackson Park était une très intéressante locomotive compound à grande vitesse et deux trucks porteurs, avec foyer Wootten.

En tête du train exposé par la compagnie des wagons de luxe Pullmann était une locomotive type voyageurs à dix roues. Un type spécial grande vitesse, système compound, et une locomotive « American » à cylindres indépendants complétaient l'exposition des locomotives à voyageurs. Les locomotives à voies étroites étaient représentées par une machine type « American » à voie de 1 mètre de largeur et une machine à voie de 1 mètre également, type 10 roues, il y avait aussi une machine à voie de $0^m,76$.

Quant aux types de machines à marchandises exposés, ils se composaient de deux locomotives « Consolidation » à roues de $1^m,448$ et de $0,^m914$, la première destinée au « Norfolk and Western Railroad », la seconde au « Mexican National Railroad », et d'une machine type « Decapod », la plus puissante de toutes les locomotives à marchandises exposées, à douze roues, et dont le poids total atteint 88 450 kilos. Cette dernière locomotive appartient à la compagnie du « New-York, Lake Erié and Western Railroad ».

Les locomotives spéciales exposées par les ateliers Baldwin étaient au nombre de deux. L'une destinée à la « Wellman Iron and Steel Company », destinée au transport des lourdes pièces de métal à température élevée qui vont passer au laminoir; l'autre, du type « Logging », à voie normale, destinée au transport des trains lourds chargés de bois. Cette dernière machine emploie le bois comme combustible.

L'exposition était donc des plus complètes. Nous ne saurions mieux ndiquer la nature générale des matières premières employées à la fabrication des machines Baldwin qu'en donnant un résumé du cahier des charges de ces fournitures.

Cahier des charges des fournitures des matières premières aux ateliers Baldwin

(RÉSUMÉ)

CHAUDIÈRES EN TOLE DE FER

Le métal sera du fer au bois. Chaque tôle sera l'objet d'un examen très sévère au point de vue des qualités physiques. Un lot de même provenance que les tôles présentées sera adjoint à ces dernières ; les essais devront donner une résistance minima à la traction de 35 k. 14 dans le sens du laminage, et une résistance minima de 31 k, 63 dans le sens perpendiculaire au sens du laminage, avec un allongement minimum de 20 %. Chaque tôle sera marquée du nom du fabricant et de. la tension maxima qu'elle peut supporter, ainsi que de l'allongement correspondant.

CHAUDIÈRES ET FOYERS EN TOLES D'ACIER

L'acier devra être fabriqué sur sol, et les teneurs en phosphore ne pourront dépasser 0,05 % pour le métal des chaudières, 0,03 % pour celui des foyers.

Chaque tôle sera l'objet d'un examen très sévère au point de vue des qualités physiques. Après le laminage, et avant le recuit, une bande d'essai sera découpée dans le sens de la longueur et la résistance à la traction par millimètre carré de section devra atteindre 40 k, 82.

Le lot des tôles sera refusé si la tension ne peut atteindre 38 k, 66 ou si elle dépasse 45 k, 68 ou bien encore si l'allongement tombe au-dessous de 20 %.

CUIVRE DES BOITES A FEU

Les plaques de cuivre seront de la meilleure qualité, et proviendront des mines du Lac Supérieur. La résistance à la tension ne sera pas inférieure à 21 k.,08, et l'allongement au moins égal à 30 $^1/_2$ %. L'essai se fera sur une éprouvette de métal de 10 pouces (0^m,254) de longueur.

TIGES D'ENTRETOISE EN FER OU ACIER.

Le métal de ces tiges sera affiné deux fois et aura une résistance minima de 41 kil. avec un allongement d'au moins 20 %. L'éprouvette aura la longueur de 10 pouces, fixée ci-dessus.

TIGES D'ENTRETOISE EN CUIVRE

Le métal proviendra des meilleurs lingots des mines du Lac Supérieur. La résistance à la traction sera d'au moins 21 k,43 et l'allongement d'au moins 30 %. L'éprouvette aura la longueur de dix pouces fixée ci-dessus.

TUBES DES CHAUDIÈRES EN FER OU BOIS

Ces tubes seront soigneusement examinés, et ne devront présenter aucune imperfection. Chaque tube, avant sa réception, sera soumis aux frais des fabricants à une pression hydraulique intérieure qui ne pourra être inférieure à 21 k,10 par centimètre carré.

La résistance à la traction ne pourra être moindre que 35 k.19 et l'allongement inférieur à 20 %.

TUBES EN CUIVRE

Si les tubes sont en cuivre, la pression hydraulique définie ci-dessus sera réduite à un minimum de 21 k,10.

PIÈCES EN FER

Le métal devra présenter une résistance minima à la traction de 35^k,19, et un allongement minimum de 20 %, mesuré sur une éprouvette de 10 pouces de longueur (0^m,254). Les pièces seront refusées si la résistance est inférieure à 33^k,79, ou l'allongement plus petit que 15 % ou si leur texture est celle du fer à grains.

PIÈCES D'ACIER FORGÉ

L'acier sera fabriqué par le procédé sur sol et sa teneur en phosphore ne devra pas excéder 0,05 %.

Les lingots d'acier seront d'une qualité telle qu'une éprouvette d'essai dont le diamètre serait de quatre pouces ($0^m,102$), après avoir été martelée et étirée, ait une résistance à la traction égale à $56^k,31$ par millimètre carré de section.

Les lingots ne seront pas acceptés si leur résistance à la traction n'atteint pas $56^k,31$ ou si l'allongement est plus petit que 15 %.

ROUES EN FONTE

Les roues sont garanties pour un parcours variable avec leur diamètre. Ainsi, pour un diamètre de $0^m,711$ de parcours admis est de 64 400 kilomètres; pour $0^m,762$, 72 450 kilomètres; pour $0^m,883$, 80 500 kilomètres et ainsi de suite. Dans quelques cas, cette garantie n'est pas exigée, mais elle est compensée par des essais.

PIÈCES EN BRONZE

Le bronze ne sera fabriqué qu'avec des métaux neufs, et aura la composition suivante :

Cuivre	79,70 %
Etain	10,00 %
Plomb	9,50 %
Phosphore	0,80 %

Le bronze sera rejeté si l'analyse indique des résultats ne rentrant pas dans les limites suivantes :

Étain de 9 à 11 % ;

Plomb de 8 à 11 % ;

Phosphore de 0,7 à 1,00 %.

Il sera rejeté également s'il contient 0,50 % de toute autre substance en dehors du cuivre, de l'étain, du plomb ou du phosphore.

Description des Locomotives exposées

LOCOMOTIVES TYPE « AMERICAN » DE LA « ROYAL BLUE LINE »

Une vue perspective des deux machines type American du « Batimore Ohio Railroad », et du « Central Rairoad of New-Jersey » est donnée par la (pl. 66, fig. 1 et pl. 67, fig. 1).

Les dimensions principales et conditions d'établissement de ces deux locomotives sont données au tableau suivant :

	BALTIMORE AND OHIO RAILROAD	CENTRAL RAILROAD OF NEW-JERSEY COMPOUND
POIDS ET DIMENSIONS GÉNÉRALES		
Poids total de la locomotive en ordre de marche	52.800 k.	54.800 k.
Poids adhérent.	34.100	38.050
Empattement total	6^{m}680	6^{m}795
Distance entre essieux moteurs extrêmes.	2 ,286	2 ,286
Longueur des bielles motrices . . .	2 ,261	2 ,197
D'axe en axe des cylindres	2 ,007	—
CYLINDRES, TIROIRS		
Diamètre des cylindres	0 ,508	0^{m}330 et 0^{m}813
Course des pistons.	0 ,610	0^{m}610
Diamètre des tiges des pistons'. . .	0 ,089	0 ,089
Dimensions des orifices d'admission .	0^{m}483 $\times$ 0^{m}035	0^{m}495 $\times$ 0^{m}038
— — d'échappement	0 ,483 $\times$ 0 ,070	0 ,495 $\times$ 0 ,140
Course maxima des tiroirs	0^{m}152	0^{m}133
Recouvrement extérieur	0 ,0254	C. H. P. 0^m,0222 C. B. P. 0 ,0158
— intérieur	0	0
Avance	0^m,0032 int. 0 ,0024 ext.	C. H. P. 0^m,0032 C. B. P. 0 ,0096
ROUES, ETC.		
Diamètre des roues motrices à l'extérieur des bandages	1^{m}981	1^{m}981
Diamètre des roues du truck . . .	0 ,914	0 ,914
Diamètre et longueur des fusées des essieux moteurs	0^{m}203 $\times$ 0^{m}241	0^{m}203 $\times$ 0^{m}305
Diamètre et longueur des fusées du truck	0 ,127 $\times$ 0 ,254	0 ,140 $\times$ 0 ,203
Longueur des ressorts d'axe en axe des joints du suspension	1^{m}219	1^{m}219
CHAUDIÈRE		
Type	Straight	Wagon-top
Diamètre intérieur de la plus petite virole	1^{m}449	1^{m}441
Nombre des tubes.	251	250
Diamètre extérieur des tubes . . .	0^{m}051	0^{m}051
Distance entre deux axes de tubes . .	0 ,067	0 ,067
Longueur des tubes à l'extérieur des plaques tubulaires	3 ,607	3 ,607
Longueur intérieure de la boîte à feu.	2 ,735	3 ,351
Largeur — — —.	0 ,860	1 ,070

	BALTIMORE AND OHIO RAILROAD	CENTRAL RAILROAD OF NEW-JERSEY
Hauteur — — —	N 1^m765 R 1,384	N 1^m651 R 1,416
Epaisseur des lames d'eau, sur les côtés, à l'arrière et à l'avant de la boîte à feu.	0,076 - 0,076—0,102	0,076—0,076—0,102
Epaisseur des tôles extérieures . . .	0^m014	0^m014
— — de foyer sur les flancs, l'arrière et le ciel.	0,008—0,008—0,009	0,008 - 0,009—0,009
Epaisseur des plaques tubulaires . .	0^m013	0^m013
Diamètre et hauteur du dôme de vapeur.	0^m800 × 0^m559	0^m800 × 0^m521
Pression à la chaudière	11^k62	12^k67
Type de grille	Barreaux oscillants	Tubes creux à cirlation d'eau
Diamètre des tubes creux	»	0^m057
Epaisseur des barreaux de la grille. .	0^m022	0 ,019
Espacement — — . .	0 ,019	0 ,019
Surface de la grille.	2^{m2}30	4^{m2}03
— de chauffe directe	13 ,84	14 ,42
— — des tubes. . . .	143 ,44	142 ,14
— — totale.	157 ,28	156 ,56
Diamètre des tuyères d'échappement .	0^m,089	0^m,089
Hauteur du dessus du rail au sommet de la cheminée	4^m540	4^m369
Plus petit diamètre intérieur de la cheminée	0 ,425	0 ,457
TENDER		
Poids du tender à vide	15.400 k.	14.750 k.
— — chargé	32.700	35.400
Nombre des roues	8	8
Diamètre —	0^m914	0^m914
Diamètre et longueur des fusées. . .	0^m108 × 0^m203	0^m127 × 0^m203
Empattement total du tender . . .	5^m182	4^m927
Distance d'axe en axe des centres des trucks.	1 ,524	1 ,576
Capacité en eau	15^{m3}9	15^{m3}9
— en charbon	4^t5	6^t8
MACHINE ET TENDER		
Empattement total	14^m503	14^m997
Longueur totale	18 ,021	18 ,213

Tous les segments des pistons sont en fonte. Dans les rivures horizontales de la chaudière les tôles sont coupées à francs bords et réunies par deux couvre-joints, avec un nombre de lignes de rivets variable; les rivures verticales sont à deux rangs de rivets dans la machine du « Baltimore and Ohio Railroad », et soit à un rang, soit à deux rangs dans la seconde locomotive.

Les tubes sont en fer au bois, les tôles du foyer, soit intérieures, soit extérieures, sont en acier, le ciel du foyer est supporté par des entretoises disposées normalement au ciel.

Nous donnerons à titre de renseignement l'horaire suivant, auquel satisfont les deux machines type « American » que nous venons de décrire.

Cet horaire est celui de la « Royal Blue Line » dont le parcours total entre Jersey-City et Washington est de 362 kilomètres. Cette ligne emprunte les voies du Baltimore and Ohio Railroad, celles du « Philadelphia and Reading Railroad » et du «central Railroad of New-Jersey ». Le trajet est exécuté en cinq heures, y compris celui de New-York à Jersey-City.

Départ de New-York	. . . .	11^{h},30 M.
—	Jersey City	11 ,42
—	Elisabeth	11 ,58
—	Wayne Junction	1 ,20 S.
—	Philadelphie.	1 ,35
—	Wilmington	2 ,05
—	Baltimore	3 ,45
Arrivée à Washington.	. . . .	4 ,30

La vitesse moyenne, y compris les arrêts, est de 72^{k},45 par heure. Une vitesse de plus de 96 kilomètres est atteinte dans les parties les plus favorables du trajet.

La plus grande vitesse obtenue est de 1 kilomètre en 23 secondes soit 156 kilomètres à l'heure, et a été réalisée sur le « Central Railroad of New-Jersey » par la locomotive n° 385, qui est analogue à la machine dont nous donnons les conditions d'établissement dans la deuxième colonne de la page 77.

Distribution compound, Baldwin Wauclain

Nous donnerons l'application de ce système à une locomotive compound Express du type « American » du « Baltimor and Ohio Railroad »

Celte machine est représentée en vue perspective par les planches n⁰ˢ 68-69 qui donne également avec les planches n⁰ˢ 66-67 les détails de la distribution.

Comme on le voit, la locomotive comporte deux cylindres de chaque côté, le cylindre à haute pression est placé au-dessus du cylindre à basse pression. C'est la disposition la plus généralement adoptée par les ateliers Baldwin. Une autre disposition employée en particulier dans la très puissante locomotive à marchandises type « Decapod » du New-York « Lake Erie and Western Railroad Company », que nous décrivons plus loin consiste à intervenir l'ordre des cylindres, le cylindre à basse pression est alors immédiatement au-dessus du cylindre à haute pression de manière à éloigner les cylindres du sol dans les machines à roues de faible diamètre.

Les tiges des pistons des cylindres, quelle que soit la disposition de ceux-ci, sont assemblées sur une large tète de crosse dont le détail est donné par la figure 15. Cette figure donne également la vue en coupe des cylindres.

Les parties essetielles du mécanisme de distribution sont celles indiquées par les figures 9, 10 et 11. Cette dernière montre un piston se composant en réalité de quatre véritables pistons formés par les renflements du métal, et munis chacun d'une garniture métallique formée de deux segments.]

Cet ensemble se meut dans une sorte de siège représenté en vue longitudinale par la figure 9 et en coupe transversale par la figure 10. Les positions relatives de ces diverses parties par rapport à l'ensemble des pistons moteurs et des tuyaux d'admission et d'échappement sont indiquées sur la planche 72.

La vapeur sortant de la chaudière est admise simultanément aux deux extrémités du piston représenté par la figure 11 ; l'ensemble forme donc un tiroir équilibré. De là la vapeur passe au cylindre à haute pression et aux orifices B ou C, dès que le tiroir s'est suffisamment déplacé dans l'une ou l'autre direction. Le déplacement s'accentuant devient assez grand pour que l'un ou l'autre des larges orifices E se trouve en face des orifices B ou C, la vapeur passe alors du cylindre à haute pression à l'intérieur du tiroir en F, et de là à l'orifice E opposé à celui d'entrée, qui à ce moment est précisément en regard des lumières C ou B correspondant à l'admission au cylindre à basse pression.

Le piston-tiroir continuant à se déplacer, les orifices C ou B sont à nouveau recouverts ; puis découverts, après le passage du renflement intérieur du piston, et la vapeur du cylindre à basse pression se répand entre ces renflements intérieurs pour s'échapper à travers B ou C dans le large conduit d'échappement en passant par les orifices extrêmes, voir les figure 2 à 8, planches 54 et 55.

De très légères modifications ont été apportées à ce type de distribution, qui dès son apparition a valu aux ateliers Baldwin des commandes très importantes.

On peut reprocher cependant au système de nécessiter deux pistons supplémentaires avec leurs garnitures, il est vrai que ces dernieres étant métalliques, la dépense d'entretien de ce chef est assez faible. Quant au poids, pour le type « Baltimore and Ohio » que nous considérons spécialement ici, il n'est guère supérieur que d'une quantité insignifiante, quelques kilogrammes seulement, aux poids des machines ordinaires, à cylindre indépendant.

La réunion des tiges des pistons sur une tête de crosse commune a donné des résultats très satisfaisants en service. Le démarrage se produit même avec des trains lourds de marchandises, la vapeur comme on a vu parvient d'ailleurs très rapidement au cylindre à basse pression.

L'eau de condensation, ce grand ennemi des locomotives compound, est très faible et si les robinets purgeurs subsistent toujours au cylindre à basse pression, le cylindre à haute pression en est complètement dépourvu.

En résumé, le système compound Baldwin Vauclain a donné les meilleurs résultats et son efficacité est depuis longtemps reconnue par la pratique américaine.

Sans être aussi affirmatifs que les Américains, nous dirons que ce qui a fait l'avantage de la machine Vauclain, c'est sa grande simplicité, mais au point de vue de l'économie, nons ne pensons pas qu'elle puisse être bien sensible à moins d'être appliquée sur des machines ayant à exercer un effort à peu près constant. C'est une machine Wolff, qui vaut certainement les machines tandem, mais nous pensons qu'une machine compound ne sera véritablement économique que quand les distributions seront nettement indépendantes.

Toutefois, dans le cas d'un travail régulier, un service sur une ligne à faibles pentes parcourue à une allure rapide, la distribution compound Vauclain est certainement supérieure à une machine à deux cylindres ordinaires; le piston cylindrique équilibre se trouve dans de bonnes conditions pour ne pas donner de fuites, ou tout au moins que ces fuites ne soient pas nuisibles.

Il serait nécessaire, dans tous les cas, de munir les cylindres de soupapes de rentrée d'air, c'est ce qu'on a fait en Amérique, au reste, comme aux machines de l'Etat français munies de tiroirs cylindriques.

Locomotive compound à grande vitesse à double truck porteur avec foyer Wootten

Cette machine, des plus intéressantes, est du type adopté par la « Philadelphia and Reading Railroad Company » et fait partie des locomotives de la « Royal Blue Line » dont nous avons donné les horaires ci-dessus. Elle était exposée à Jackson Park.

Le foyer Wootten que nous retrouvons sur plusieurs machines est déjà ancien, une machine de Baldwin exposée à Paris en 1878 le possédait.

Ce foyer destiné à brûler les anthracites fines de Pensylvanie a donné de très bons résultats depuis vingt ans qu'il est employé, la forme primitive n'a pas été modifiée, la chambre de combustion, l'autel en brique sont restés les mêmes, seulement dans les machines à grandes vitesses, pour pouvoir augmenter le diamètre des roues, on a reporté les essieux accouplés sur le corps cylindrique en plaçant un bissel à un essieu sous le foyer.

Le mécanicien est séparé du chauffeur, sa cabine est placée sur le corps cylindrique en arrière du dôme. Cette disposition ne paraît pas avoir d'inconvénient en Amérique où le système des économies n'est pas appliqué. Malgré tout, nous ne pouvons approuver cette séparation de deux agents dont l'un n'est que le bras de l'autre.

Sa grille est à circulation d'eau. Chaque barreau est constitué sur un tube communiquant des deux extrémités avec la chaudière. Ce dispositif a été appliqué à beaucoup de machines brûlant de l'anthracite.

L'acier de la chaudière et du foyer provient des usines « Wellman Iron et Steel Company » de Thurlow. Les tubes proviennent de la « Reading Iron Company », les bandages des ateliers « Standard Steel Works » ainsi que les roues qui sont en fer forgé du système Vauclain. Les garnitures sont métalliques et du système U.S. (United States Métallic Packing Company de Philadelphie). Les freins sur les roues motrices sont du système de « l'American Break Company » de Saint-Louis, et ceux du tender et du train sont les freins à air Westinghouse fabriqués à Pittsburg.

Les planches 72 et 73 donnent à grande échelle les élévations et les diverses coupes de la machine dont nous donnons ci-contre une vue perspective.

Le poids total de la locomotive en ordre de marche est de 58 850 kilogrammes, et le poids adhérent est de 37 500 kilogrammes. L'empattement total est de $7^m,112$ et la distance entre les roues motrices de $2^m,083$, la bielle motrice a une longueur de $2^m,451$ et la distance transversale d'axe en axe des cylindres est de $2^m,248$.

La machine et son tender occupent un empattement de $14^m,402$ et une longueur totale de $10^m,080$.

Le recouvrement intérieur des tiroirs est nul dans le tiroir du cylindre à basse pression, et se change en un découvrement de $0^m,003$ dans le haut cylindre. Les orifices d'admission et d'échappement sont circulaires. Les pistons sont munis de segments en fonte.

Les autres données sont résumées aux tableaux suivants :

CYLINDRES ET TIROIRS

Diamètre du cylindre à haute pression	0^m330
— — à basse pression	0 559
Course des pistons	0 610
Epaisseur des pistons	0 121
Diamètre de la tige	0 089
Dimensions des orifices d'admission	$0^m610 \times 0\ 038$
— — d'échappement	$0\ 610 \times 0\ 114$
Course maximum des tiroirs	0 127
Recouvrement extérieur au cylindre à haute pression	0 022
— — — à basse pression	0 016
Avance maximum, cylindre à haute pression	0 003
— — — à basse pression	0 010

ROUES, ETC.

Diamètre des roues motrices à l'extérieur des bandages	1^m981
— — du truck	1 219
— et longueur des fusées des essieux moteurs	$0^m216 \times 0\ 305$

Diamètre et longueur des fusées des essieux du
truck. . . . .   0ᵐ165 × 0 254
Longueur des ressorts (d'axe en axe des points de
suspension). 1 219

CHAUDIÈRE, ETC.

Type	Straight
Diamètre intérieur de la plus petite virole	1ᵐ429
Nombre des tubes	324
Diamètre extérieur	0ᵐ038
Distance entre deux axes de tubes	0 052
Longueur des tubes à l'extérieur des plaques de tôle .	3 048
— intérieure de la boîte à feu.	2 896
Largeur — — —	2 442
Hauteur — — —	0 984
Epaisseur de la lame d'eau sur les côtés, à l'arrière et à l'avant.	0 089
Epaisseur des tôles extérieures du foyer.	0 010
— — sur les flancs du foyer à l'arrière et sur le ciel	0 008
Epaisseur des plaques tubulaires	0 013
Diamètre et hauteur du dôme de vapeur. . 0ᵐ692 × 0 610	
Pression à la chaudière.	12ᵏ67
Epaisseur des barreaux de la grille	0ᵐ013
Vides entre ces barreaux	0 019
Surface de la grille	7ᵐ²06
— de chauffe du foyer	16ᵐ07
— — des tubes	117 24
— — totale	133ᵐ²31
Plus petit diamètre de la cheminée	0ᵐ457
Hauteur du dessus du rail au sommet de la cheminée	4 286

Le tender de cette locomotive est à huit roues, de diamètre de 0ᵐ,914.
La provision de charbon est de six tonnes environ et la capacité de la
soute à eau de 18ᵐ³,2. Le poids du tender vide est de 36550 kilogr.
Son empattement total est de 4ᵐ,877 et la distance d'axe en axe des
trucks est de 1ᵐ,626.

Aux joints parallèles à l'axe de la chaudière, les tôles sont coupées à
bords francs et la réunion se fait par deux couvrejoints, l'un extérieur,
l'autre intérieur. Les joints, suivant la circonférence, sont à double
rang de rivets.

Autres machines type voyageurs, exposées

En dehors des locomotives type voyageur, de la « Royale Blue Line »
les ateliers Baldwin exposaient au « Transportation Building » une locomotive compound express d'un type spécial à grande vitesse dont les
roues motrices n'avaient pas moins de $2^m,140$ de diamètre, une deuxième
locomotive compound express, à 10 roues, qui était en tête du train
exposée par la Compagnie Pullman (wagons de luxe), enfin une troisième locomotive à cylindres indépendants, type « American ».

Nous décrirons successivement ces trois types avant de passer à la
description des locomotives mixtes à voyageurs et à marchandises.

Locomotive compound express
(type spécial Baldwin à grande vitesse)
(Planches 74 et 75)

Cette locomotive est, avec le type 199 du New-York central et Hudson
Rives, que nous avons décrit, la machine qui a certainement le plus in-
téressé les ingénieurs à l'Exposition de Chicago.

La machine repose sur huit roues ; les roues motrices, au nombre de
quatre, sont placées entre les trucks extrêmes, et ont un diamètre de
$2^m,140$, comparable avec les grands diamètres des roues des machines
européennes ; aussi les vitesses atteintes sont-elles particulièrement
élevées. Les fusées des roues motrice sont naturellement les dimensions
proportionnellement très considérables, avec des diamètres de $0^m,216$ et
une longueur de $0^m,305$.

Les diamètres des roues d'avant et d'arrière sont également très
grands, comparativement aux dimensions données ordinairement aux
roues porteuses, et sont égaux entre eux. Ils ont $1^m,378$. Tous ces diamètres sont mesurés à l'extérieur des bandages. Les fusées des trucks
ont $0^m,165$ de diamètre et $0^m,254$ de longueur.

Les roues sont en acier moulé. Les ressorts de suspensions sont en
acier au creuset, et contenant 1 % de carbone et 0,25 % de manganèse,
en moyenne, sans que ces chiffres puissent dépasser 1,10 et 0,50 %, ni
s'abaisser à 0,9 % comme teneur en carbone. Les teneurs tolérées pour
le phosphore, le silicium, le soufre et le cuivre sont de 0,03 %, 0,15 %,

0,03 % et 0,04 %, sans que ces nombres puissent jamais s'élever à 0,05 % pour le phosphore et le soufre, et à 0,25 % pour le silicium.

Le poids total de la locomotive en ordre de marche est de 57 450 kilogrammes, et le poids adhérent de 37 700 kilogrammes. La distance de l'axe des cylindres à l'essieu de la deuxième paire de roues motrices est de $4^m,013$: celles-ci sont écartées de $2^m,235$, l'empattement total étant de $7^m,493$.

La machine et son tender occupent un empattement de $15^m,443$, et occupent une longueur totale de $19^m,305$. Le tender est du type à deux trucks ; son poids vide est de 15 050 kilogrammes, et ce poids s'élève à 35 600 kilogrammes avec la provision d'eau et de combustible ; la capacité en eau est de $16^{mm³},3$; il reste donc 6 800 kilogrammes de disponibles pour la provision de charbon. Les roues du tender ont un diamètre de 0,927, et occupent un empattement total de $4^m,728$, et les fusées ont 0,114 de diamètre sur $0^m,203$ de longueur. La distance entre les centres des trucks et de $1^m,676$.

Si nous revenons à la locomotive, et que nous examinions les organes de distribution et les cylindres, nous voyons que ceux-ci ont respectivement pour diamètres $0^m,330$ et $0^m,559$. Le cylindre à haute pression est disposé au-dessus du cylindre à basse pression ; la course commune des pistons est de $0^m,660$, et leur épaisseur de $0^m,121$. Le diamètre des tiges de piston est de $0^m,089$. Les dimensions totales des orifices circulaires d'admission et d'échappement sont de $0^m,610$ sur $0^m,38$ et $0^m,114$ respectivement. La course maxima des tiroirs est de $0^m,140$; le recouvrement extérieur est de $0^m,022$ au cylindre à haute pression, $0^m,16$ au cylindre à basse pression ; le découvrement du premier de ces cylindres est de 0,003, et le cylindre à basse pression a un tiroir auquel n'est donné ni recouvrement, ni découvrement intérieur. Les avances maximum sont de 0,003 et 0,010 respectivement.

La chaudière est du type « Straight, » les tôles sont en acier, et, aux joints parallèles à l'axe longitudinal, elles sont coupées à francs bords, et réunies par deux couvre-joints, un à l'intérieur, un à l'extérieur ; les joints suivant la circonférence sont, les uns à un rang, les autres à double rang de rivets.

Les données, relatives aux dimensions de la chaudière, sont résumées au tableau ci-après :

Diamètre intérieur de la plus petite virole . . .	1ᵐ,391
Épaisseur des viroles	0 ,016
Nombre des tubes	198
Diamètre extérieur des tubes.	0ᵐ,051
D'axe en axe de deux tubes voisins.	0 ,066
Longueur des tubes à l'intérieur des plaques tubulaires	3 ,994
Longueur intérieure de la boîte à feu	2 ,139
Largeur — — --	1 ,076
Hauteur — — — à l'avant . .	1 ,645
— — — — à l'arrière. .	1 ,600
Épaisseur de la lame d'eau sur les côtés	0 ,076
— — en avant et en arrière .	0 ,102
Épaisseur des tôles extérieures de la boîte à feu. . .	0 ,014
— — du foyer sur les côtés et en arrière	0 .008
— — du ciel de foyer.	0 .010
Épaisseur des plaques tubulaires.	0 ,013
Diamètre des entretoises du foyer	0 ,029
Diamètre du dôme de vapeur.	0 ,800
Hauteur -- —	0 ,521
Pression à la chaudière.	12ᵏ,67
Type de grille	Barreaux oscillants
Largeur des barreaux.	0ᵐ,019
Largeur libre entre barreaux.	0 ,019
Surface de la grille.	2ᵐˢ,30
Surface de chauffe directe du foyer.	11 ,89
— — — des tubes.	125 ,45
— — — totale.	137 ,34
Plus petit diamètre intérieur de la cheminée . . .	0ᵐ,457
Du dessus du rail au-dessus de la cheminée . . .	4 ,378

Le combustible employé est le charbon gras. Le métal des tubes, bandages, roues, garnitures, est de la même provenance que celle indiquée plus haut à la locomotive compound à grande vitesse, avec foyer système Wootten. Les injecteurs sont du type Sellers, de Philadelphie.

Les dessins de cette machine sont représentés sur les planches nᵒˢ 74 et 75.

Locomotive compound express, type 10 roues

Cette locomotive est représentée à grande échelle, ainsi que son tender, sur les planches nᵒˢ 76 à 77. Les diverses coupes d'élévations transversales sont données à la même échelle sur les mêmes planches.

Le poids total de la machine, en ordre de marche, est de 59 700 kilogrammes, comprenant un poids de 42 450 kilogrammes sur les roues motrices. Celles-ci, au nombre de six, occupent un empattement de 4^m,673, et les roues motrices intermédiaires sont dépourvues de boudins pour faciliter le passage dans les courbes. Les quatre autres roues forment le truck supportant le poids à l'avant de la machine. Le diamètre des grandes roues est de 1^m,829 à l'extérieur des bandages; les fusées ont 0^m,203 de diamètre, et une longueur de 0^m,254. Les roues du truck ont 845 de diamètre, et les dimensions des fusées sont de 0^m,127 comme diamètre, et 0^m,554 comme longueur. Les ressorts de suspension ont 1^m,067 d'axe en axe des points d'articulation.

Les cylindres sont écartés de 2^m,184 d'axe en axe. Les cylindres à haute pression, d'un diamètre de 0^m,356, sont placés au-dessus des cylindres à basse pression dont le diamètre est de 0^m,610. La course commune des pistons est de 0^m,610.

Les pistons sont munis de segments en fonte; les tiges des pistons ont un diamètre de 0^m,095, et l'épaisseur du piston est de 0^m,121.

En ce qui concerne la distribution, les orifices d'admission du tiroir circulaire représentent une surface de 0,610 × 0,038, et les orifices d'échappement 0,610 × 0,114. La course maximum du piston-tiroir est de 0,127. Les recouvrements intérieurs sont nuls tout aussi bien au cylindre à haute pression qu'à celui à basse pression. Au premier de ces cylindres correspond un recouvrement extérieur de 0,022, et au second un recouvrement extérieur de 0,016. Les avances maxima sont respectivement de 0,003 et 0,010.

La chaudière, du type wagon-top, a 1,492 à l'intérieur de la plus petite virole. Les viroles sont en acier de 0,16 et 0,17 d'épaisseur, les joints parallèles à l'axe longitudinal sont à double couvrejoints et tôles coupées à francs bords, et suivant la circonférence ils sont à recouvrement et à double rang de rivets.

Les tubes sont au nombre de 236, ont 0,051 de diamètre extérieur et 4^m,115 de longueur à l'extérieur des plaques tubulaire, ce qui fait une surface de chauffe indirecte de 154^{m3}96; la boite à feu fournit une surface de chauffe directe de 14^{m3},51, ce qui fait un total de 169^m,47; la surface de grille correspondante (type barreaux oscillants) est de 1^{m3},74.

La boite à feu est en acier Wellmann, sa longueur intérieure est de 1,991, sa largeur 0,873 et sa hauteur variable de 2,203 à 2,153. Les lames d'eau sur les côtés et en arrière ont 0,076 d'épaisseur et à l'avant 0,102.

Les entretoises du ciel de foyer sont dirigées suivant le rayon. Cette disposition est la plus généralement suivie aux ateliers Baldwin. Les épaisseurs des tôles de la boîte à feu sont de 0^m,008 sur les côtés et en arrière et de 0,010 au ciel du foyer.

La chaudière supporte une pression de 12 k. 67 en marche normale Le dôme de vapeur a 0,800 de diamètre et une hauteur de 0,483.

Nous ne nous étendrons pas plus longuement sur cette locomotive que les planches représentent avec beaucoup de détails. Quant à la distribution, son mécanisme est le même que celui déjà étudié.

Le tender qui est représenté à grande échelle a les dimensions principales suivantes :

Nombre de roues.	8
Diamètre des roues	0^m,914
Diamètre et longueur des fusées.	0^m,114 $\times$ 0^m,203
Empattement total.	4^m,926
Capacité en eau.	16^{m3},3
Capacité en charbon.	5^T,5

Le poids total du tender avec ses provisions d'eau et de charbon est de 38800 kilogrammes et son poids à vide 15 050 kilogrammes.

Locomotive type « American »

1° A voyageurs, voie normale; 2° Voie étroite.

Le type « American » ayant déjà été décrit, nous donnerons simplement sous forme de tableau les dimensions de ces deux machines, en réservant des dessins à grande échelle pour la locomotive à voie normale et à cylindres indépendants, intéressante surtout au point de vue des pratiques de construction des ateliers Baldwin. La voie de la deuxième locomotive qui est du système compound est de 1 mètre de largeur.

L'acier des tôles de chaudière et des tôles de la boîte à feu provient dans la première de ces machines des usines Park frères de Pittsburg dans la seconde des usines Otis de Cleveland. Les injecteurs sont du type Nathan dans la machine à voie normale, du type Sellers dàns la locomotive à voie étroite.

La planche n° 66-67 donne une vue perspective de ces deux machines.

	MACHINE à voie normale	MACHINE à voie étroite
POIDS ET DIMENSIONS GÉNÉRALES		
Poids total de la machine en ordre de marche.	45 800 kilog.	26.450 kilog.
Poids adhérent.	29 300 »	16.800 »
Empattement total.	6^m,960	6^m,477
Distance entre essieux moteurs.	2 ,667	2 ,489
Longueur des bielles motrices.	2 ,159	2 ,108
D'axe en axe des cylindres	1 ,930	1 ,575
CYLINDRES, TIROIRS		
Diamètres des cylindres	0^m,457	C. H. P. 0^m,229 / C. B. P. 0 ,381
Course des pistons.	0 ,610	0^m,508
Diamètre de la tige des pistons.	0 ,076	0 ,057
Dimension des orifices d'admission.	0,032 × 0,406	0,029 × 0,400
-- — d'échappement.	0,064 × 0.406	0,057 × 0,400
Course maximum des tiroirs.	0 ,140	0 ,121
Recouvrement extérieur	0 ,019	C.H.P. 0^m,014 / C.B.P. 0 ,013
— intérieur	0	0
Avance	0 ,003	C.H.P. 0 ,002 / C.B.P. 0 ,003
ROUES, ETC.		
Diamètre des roues motrices à l'extérieur des bandages	1 ,727	1^m,251
Diamètre des roues du truck.	0 ,838	0 ,635
Diamètre des fusées des essieux moteurs		0 ,165
Longueur — — —	0 ,203	0 ,178
Diamètre — — du truck.	0 ,216	—
Longueur — — —	0 ,127	—
Longueur des ressorts d'axe en axe des points de suspension.	0 ,965	0 ,813
CHAUDIÈRE		
Type	wagon Top.	wagon Top.
Diamètre intérieur de la plus petite virole	1^m,448	1^m,146
Nombre des tubes	244	140
Diamètre extérieur des tubes.	0^m,051	0^m,051
Distance entre deux axes de tubes	0 ,070	0 ,067
Longueur des tubes à l'extérieur des plaques tubulaires	3 ,337	3 ,302

	MACHINE à voie normale	MACHINE à voie étroite
Longueur intérieure de la boîte à feu .	1ᵐ,880	1ᵐ,332
Largeur — — .	0 ,873	0 ,702
Hauteur intérieure de la boîte à l'avant	2 ,045	1 ,410
— — — à l'arrière.	1 ,994	1 ,385
Épaisseur de la lame d'eau sur les côtés et à l'arrière . ·	0 ,076	0 ,064
Épaisseur de la lame d'eau à l'avant. .	0 ,102	0 ,089
— des tôles extérieures du foyer.	0 ,013	0 ,013
— — du foyer sur les flancs	0 ,008	0 ,008
— — du ciel du foyer . .	0 ,010	0 ,010
Épaisseur des plaques tubulaires . .	0 ,013	0 ,013
Diamètre et hauteur du dôme de vapeur.	0, 813 × 0, 508	0,699 × 0,559
Pression à la chaudière	11ᵏ,26	12ᵏ,67
Type de grille	barreaux oscillants	—
Largeur des barreaux de la grille . .	0ᵐ,013	0 ,016
Espacement des barreaux de la grille .	0 ,019	0 ,013
Surface de la grille.	1ᵐ²,63	0ᵐ²,93
Suface de chauffe directe.	13 ,19	6 ,78
— — des tubes	129 ,51	73 ,20
— — totale	142 .70	79 ,98
Hauteur du dessus du rail au sommet de la cheminée	4ᵐ,293	3 ,918
Plus petit diamètre de la cheminée. .	0 ,457	0 ,356
TENDER		
Poids à vide.	12.450 kilog.	10.700 kilog.
— du tender chargé	29.900 »	23.350 »
Nombre de roues	8	8
Diamètre des roues.	0ᵐ,838	0ᵐ,762
— des fusées d'essieux . . .	0 ,095	0 ,083
Longueur des fusées d'essieux . . .	0 ,178	0 ,152
Empattement total.	4 ,750	3 ,962
Distance d'axe en axe des centres des trucks.	1 ,549	1 ,219
Capacité du tender en eau.	11ᵐ³,6	9ᵐ³,0
— — en charbon . . .	6 tonnes	5 tonnes
MACHINE ET TENDER		
Empattement total.	14ᵐ,173	12 ,649
Longueur totale.	17 ,373	15 ,279

Le type « American » à voie normale, est donné en élevation et coupes à grande échelle sur les planches n° 78 et 79.

Le poids total de la machine, en ordre de marche, est de 45 800 kilogrammes comprenant un poids adhérent de 30 000 kilogrammes. D'un autre côté le diamètre des roues motrices 1,422 permet de faire un service de voyageurs en moyenne vitesse. Les roues du truck ont 0^m,762 de diamètre, les fusées des essieux moteurs et des essieux du truck, respectivement 0^m,203 et 0^m,103 de diamètre sur 0^m,216 et 0^m,203 de longueur. La longueur des ressorts de suspension, mesurée d'axe en axe des points de suspension est de 0^m,965

La locomotive est à cylindres indépendants de 0^m,483 de diamètre, et 0^m,610 de longueur. Ils sont écartés transversalement de 2^m,134 (la voie est la voie normale de 1^m,435.)

L'empattement total de la machine est de 7^m,163, la distance de l'essieu du truck au premier essieu moteur est de 2^m,464, et la distance des essieux moteurs extrêmes 4^m,699. Les roues motrices intermédiaires sont dépourvues de boudins pour faciliter le passage dans les courbes.

Les pistons sont munis de segments en fonte, les tiges des pistons ont un diamètre de 0^m,095 et l'épaisseur des pistons est de 0^m,121.

En ce qui concerne la distribution, les données sont les suivantes :

Dimensions des orifices d'admission	0^m,085 $\times$ 0^m,457
Dimensions des orifices d'échappement	0 ,083 $\times$ 0 ,457
Course maximum des tiroirs	0 ,140
Recouvrement extérieur.	0 ,019
Recouvrement intérieur	0 ,002
Avance maximum	0 ,002

La chaudière, du type wagon-top, a 1^m,499 à l'intérieur de la plus petite virole. Les viroles sont en acier, les joints parallèles à l'axe longitudinal sont à double couvrejoint en suivant la circonférence ils sont à recouvrement et double rang de rivets.

Les tubes sont au nombre de 246, leur diamètre extérieur est de 0^m,070, et leur longueur mesurée à l'extérieur des plaques tubulaires est de 3^m,505. Leur surface de chauffe est donc de 136^m,56, la surface de chauffe directe du foyer étant de 12^m,77 la surface totale est de 149^m,33. La surface dela grille est de 1^{m2},63, le type de grille est oscillant et à bascule.

La boîte à feu est en acier Carnegie, de Pittsburg, sa longueur intérieure est de 1^m,878 sa largeur de 0^m,873 et sa hauteur, variable de

$1^m,949$ à l'arrière à $1^m,975$ à l'avant. Les lames d'eau sur l'arrière et sur les flancs ont $0^m,076$ et à l'avant et à l'arrière $0^m,102$. Les entretoises du ciel de foyer sont dirigées suivant le rayon. Les épaisseurs des tôles d'acier sont de $0^m,008$ sur les côtés et en arrière, et de $0^m,010$ au ciel du foyer.

La chaudière supporte une pression normale de $11^k.26$. Le dôme de vapeur a $0^m,800$ de diamètre et $0^m,775$ de hauteur.

La fumée s'échappe par trois orifices circulaires de diamètres $0^m,076$, $0^m,083$ et $0^m,089$, dans le déflecteur placé dans la boîte à fumée. La cheminée a un diamètre intérieur de $0^m,457$ et sa hauteur totale au-dessus du rail est de $4^m,375$.

Les dimensions principales et conditions d'établissement du tender sont les suivantes :

Nombre des roues .	8
Diamètre.	$0^m,838$
Diamètre et longueur des fusées.	$0,108 \times 0^m,108$
Empattement total.	4 ,699
Distance entre les centres des trucks	1 ,676
Capacité du tender en eau.	15 ,9
— — en charbon	6 tonnes 1!4

Le poids total du tender approvisionné est de 33 000 kilogrammes et son poids à vide de 13 400 kilogrammes.

La machine et le tender ont un empattement total de $14^m,275$ et $17^m,246$.

Les freins sont du modèle de la Compagnie « New-York Air Brake », les tubes ceux de la « Reading Iron Company », les bandages sortent des ateliers « Standard Street » de Philadelphie. Les garnitures sont du type « Columbian Metallic Packing » de Philadelphie et les injecteurs du système Belfield, de Philadelphie également.

Le type « Consolidation » ayant déjà été décrit au cours de cette revue, nous donnerons simplement sous forme de tableau les dimensions principales de ces machines.

La locomotive de la voie de $1^m,448$ est une de celles de la Compagnie du « Norfolk and Western Railroad », elle est du type dix roues, avec huit roues accouplées et est particulièrement remarquable par la grande proportion du poids adhérent au poids total.

La locomotive de la voie de $0^m,914$ appartient au « Mexican National Railroad ».

Ces deux machines sont représentées en perspective sur les planches 88, 89. Le type de distribution compound est celui qui a déjà été décrit :

POIDS ET DIMENSIONS GÉNÉRALES	MACHINE À VOIE NORMALE	MACHINE À VOIE ÉTROITE à 10 roues
Poids total de la locomotive sous pression	61.600 k.	35.650 k.
Poids adhérent	54.700	25.900
Empattement total	6ᵐ934	6ᵐ,528
Distance entre essieux moteurs extrêmes	4 521	3 658
D'axe en axe des cylindres	3 067	2 121
CYLINDRES, TIROIRS		
Diamètre du cylindre à haute pression	0 356	0 254
— — à basse pression	0 610	0 432
Course des pistons	0 610	0 508
Diamètre de la tige des pistons	0 095	0 064
Dimensions des orifices d'admission	0ᵐ610 × 0ᵐ038	0ᵐ413 × 0ᵐ032
— — d'échappement	0 610 × 0 114	0 413 0 146
Recouvrement extérieur	C. H. P. 0ᵐ022 / C. B. P. 0 010	C. H. P. 0ᵐ016 / C. B. P. 0 013
— intérieur	0	0
Avance	C. H. P. 0 003 / C. B. P. 0 010	C. H. P. 0ᵐ003 / C. B. P. 0 006
ROUES, ETC.		
Diamètre des roues motrices à l'extérieur des bandages	1ᵐ422	1ᵐ168
Diamètre des roues du truck	0 762	0 660
Diamètre des fusées des essieux moteurs	0 178	0 165
Longueur — — —	0 203	0 178
Diamètre — — du truck	0 102	0 108
Longueur — — —	0 204	0 203
Longueur des ressorts d'axe en axe des points de suspension	0ᵐ787 et 0ᵐ864	0 813
CHAUDIÈRE		
Type	Belpaire	Straight
Diamètre intérieur de la plus petite virole	1ᵐ492	1ᵐ194
Nombre des tubes	194	132
Diamètre extérieur des tubes	0ᵐ064	0ᵐ051
Distance entre deux axes de tubes	0 102	0 067
Longueur des tubes à l'extérieur des plaques tubulaires	4 147	3 594
Longueur intérieure de la boîte à feu	2 711	2 132
Largeur — —	1 060	0 619

	MACHINE A VOIE NORMALE	MACHINE A VOIE ÉTROITE
Hauteur — — à l'avant	1ᵐ613	1ᵐ416
— — à l'arrière	1 562	1 124
Epaisseur des lames d'eau sur les côtés et à l'arrière	0 089	0 064
Epaisseur des lames d'eau à l'avant du foyer	0 114	0 089
Epaisseur des plaques tubulaires . .	0 013	0 013
Epaisseur des tôles extérieures du foyer.	0 013	0 013
— — de foyer sur les flancs et à l'arrière	0 008	0 008
Epaisseur des tôles du ciel de foyer. .	0 013	0 010
Diamètre du dôme de vapeur. . . .	0 800	0 711
Hauteur — — . . .	0 762	0 559
Pression à la chaudière	12ᵏ67	12ᵏ67
Type de grille	Barreaux oscillants	Barreaux oscillants
Epaisseur des barreaux	0ᵐ016	—
Espacement entre les barreaux . . .	0 017	0ᵐ016
Surface de la grille.	2ᵐ288	1ᵐ231
— de chauffe directe	15 67	7 86
— — des tubes. . . .	158 83	75 16
— — totale.	174 50	83 02
Plus petit diamètre intérieur de la cheminée	0ᵐ457	0ᵐ356
Hauteur du dessus du rail au sommet de la cheminée	4559	3 962
TENDER		
Poids du tender à vide	16.100 k.	14.150 k.
— — chargé	36.700	30.050
Nombre des roues	8	8
Diamètre des roues.	0ᵐ914	0ᵐ762
— des fusées	0 102	0 108
Longueur des fusées	0 203	0 203
Empattement total du tender . . .	5 131	4 572
Distance d'axe en axe des centres des trucks.	1 473	1 219
Capacité du tender en eau	18ᵐ²2	13ᵐ36
— — en charbon . . .	5ᵗ4	4ᵗ5
MACHINE ET TENDER		
Empattement total.	14ᵐ955	14ᵐ592
Longueur totale	17 600	16 840

Dans la machine à voie de 0,91 les longerons sont extérieurs aux roues, c'est la seule machine exposée présentant cette disposition.

Locomotive compound, 12 roues, type « Decapod »

Cette locomotive est la plus forte des machines à marchandises exposées au « World's Fair ». Son poids total est de 88 450 kilogrammes et son poids adhérent de 78 000 kilogrammes. La hauteur du dessus du rail au sommet de la cheminée atteint la hauteur considérable de $4^m,737$. Disons tout de suite que les diamètres des cylindres à haute et basse pression sont de $0^m,406$ et $0^m,686$, que la course des pistons est de $0^m,711$, la pression normale à la chaudière $12^k,67$ et on aura une idée de l'énorme puissance que cette machine peut développer.

La vue perspective de la planche n° 168 donne l'ensemble de cette magnifique locomotive avec ses dix roues accouplées, supportant le poids adhérent de 78 000 kilogrammes, ce qui avec des charges égales sur chaque essieu, hypothèse inexacte d'ailleurs, donne le chiffre de 15 600 kilogrammes par essieu, atteignant presque la limite couramment admise de 16 tonnes par essieu par la Compagnie New-York, Lake Erié and Western.

La locomotive et son tender occupent une longueur totale de $19^m,405$, et un empattement total de $16^m,268$. La distance entre les essieux moteurs extrêmes est de $8^m,306$, la distance transversale entre les axes des cylindres de $2^m, 261$. Le tender pèse 15 400 kilogrammes à vide, et 40 550 kilogrammes avec les provisions d'eau et de charbon. Il contient 8 tonnes de charbon anthraciteux et $20^{m3},4$ d'eau. Les roues au nombre de huit ont $0^m,838$ de diamètre et forment deux trucks dont la distance de centre en centre est de $3^m,429$, les essieux ont des fusées de $0^m,114$ de diamètre sur $0^m,229$ de longueur, et leur empattement total est de $5^m,080$.

Cette locomotive est destinée au « New-York, Lake Erie, and Western Railroad Company ». L'acier des tôles de chaudière provient des usines Wellmann de Thurlow (Pensylvanie) celui de la boîte à feu et des essieux d'Otis, de Cleveland (Ohio). Les tubes viennent de la « Reading Iron Cᵒ », de Reading, les entretoises proviennent de la fabrique Ewald de Saint-Louis, les bandages des ateliers « Standard Steel Works » de

Philadelphie, les injecteurs sont du type Sellers, les soupapes de sûreté du type « de la Société Consoliated Safety Valve », de Saint-Louis, enfin, les freins sont du type de l' « American Braek C° », de Saint-Louis sur les roues motrices et, le frein Westinghouse de Pittsburg pour le tender et les wagons du train.

Les données des cylindres et du système de distribution sont les suivantes : on remarquera que, contrairement aux machines compound que nous avons décrites ci-dessus, le cylindre à basse pression est au-dessous du cylindre à haute pression.

Diamètre du cylindre à haute pression	$0^m,408$
Diamètre du cylindre à basse pression	$0,686$
Course des pistons	$0,711$
Epaisseur des pistons	$0,152$
Diamètre des tiges de piston	$0,102$
Dimensions des orifices d'admission.	$0^m,724 \times 0^m,051$
Dimensions des orifices d'échappement.	$0^m,724 \times 0,203$
Course maximum du tiroir	$0,152$
Recouvrement extérieur (cylindre à haute pression) .	$0,022$
Recouvrement extérieur (cylindre à basse pression) .	$0,016$
Recouvrement intérieur	—
Avance pendant la course maximum C. H. P. . .	$0,002$
Avance pendant la course maximum C. B. P. . .	$0,003$

Les roues motrices ont un diamètre de $1^m,270$ à l'extérieur des bandages, et les roues du truck un diamètre de $0^m,762$. Les fusées des essieux moteurs ont $0^m,229$ de diamètre et $0^m,254$ de longueur. Celles des essieux du truck $0^m,127$ et $0^m,254$. Les ressorts de suspension ont une longueur, mesurée d'axe en axe des articulations de $0^m,864$.

La chaudière est du type « Straight » et son diamètre à l'intérieur de la plus petite virole est de $1^m,892$. Les tôles d'acier ont $0^m,019$ d'épaisseurs, elles sont coupées à bords francs et réunies avec deux couvre-joints aux joints parallèles à l'axe, les joints suivant la circonférence sont à recouvrement et double rang de rivets.

Les tubes sont particulièrement nombreux et s'élèvent à 354. Ils n'ont que le diamètre ordinaire de $0^m,051$ à l'extérieur, et sont espacés de $0^m,070$ d'axe en axe, leur longueur totale est de $3^m,664$. La boîte à feu est du type Wootten que nous avons décrit déjà à l'occasion de la machine type voyageurs du « Philadelphia and Reading Railroad de la Royal Blue Line ». La longueur est de $3^m,342$, sa largeur de $2^m,492$ et sa hauteur variable de $1^m,270$ a l'arrière à $1^m,372$ à l'avant.

L'épaisseur des lames d'eau est constante et égale à $0^m,089$, les tôles extérieures de la boîte à feu ont $0^m,013$, sur les côtés et à l'arrière l'épaisseur est de $0^m,008$, elle est de $0^m,010$ au ciel du foyer. Ce dernier est supporté par des entretoises radiales de $0^m,029$ de diamètre.

La hauteur du dôme de vapeur est de $0^m,660$ et son diamètre de $0^m,743$.

La grille est à barreaux oscillants, la largeur des barreaux est de $0^m,013$, et leur espacement de $0^m,010$, sa surface est de $8^{m^3},31$. La surface de chauffe totale est de $226^{m^3},97$ se décomposant en une surface directe de $21^{m^3},76$ et une surface de chauffe des tubes de $205^{m^3},21$. Le plus petit diamètre de la cheminée est de $0^m,457$ et la hauteur totale du dessus du rail au sommet de la cheminée est, comme nous l'avons fait remarquer dès le début, de $4^m,737$.

Locomotives spéciales

EXPOSÉES PAR LES ATELIERS BALDWIN

La magnifique et très intéressante exposition Baldwin était complétée par deux locomotives spéciales, une machine de manœuvres pour laminoirs, destinée à la « Wellmann Iron and Steel Company » et une machine destinée au transport des bois bruts aux usines de sciage ; cette dernière est à voie normale.

Nous décrirons successivement ces deux types de machines.

Machine de manœuvre

DES LAMINOIRS DE LA « WELLMANN IRON STEEL COMPANY »

Une vue perspective de cette machine est donnée sur la planche n° 97. La locomotive est destinée au transport dans l'usine des pièces lourdes, à température élevée, avant leur entrée aux laminoirs. Aussi la cabine du chauffeur et du mécanicien est-elle en tôle. La soute à eau, qui ne contient que 590 litres, est disposée en selle sur la chaudière.

Le poids total de cette petite locomotive, dont la voie est de $0^m,762$, ne dépasse pas 6 400 kilogrammes, utilisés entièrement pour l'adhérence. L'empattement de la machine est de $1^m,16$, la distance transversale des axes des cylindres de 1^m,219, et la distance entre le centre milieu de l'empattement et le milieu des cylindres de 1^m,448. Les bielles motrices ont une longueur de 1^m,013 entre centres des têtes de bielles.

Les cylindres ont un diamètre de 0^m,178 et une course de piston de 0^m,305. Les tiges de piston un diamètre de 0^m,032. Les orifices d'admission et d'échappement ont 0^m,114 de longueur sur 0^m,016 et 0^m,032 de largeur. La course maxima des tiroirs est de 0^m,076. Le recouvrement extérieur est relativement très considérable et égal à 0^m,013. Les recouvrements intérieurs et l'avance ont une valeur de 0^m,0008.

Les roues ont un diamètre de 0^m,660 à l'extérieur des bandages. Les fusées ont un diamètre de 0^m,083 et une longueur de 0^m,152. Les ressorts ont 0^{m}508 d'axe en axe des points d'articulation.

La chaudière est du type « Straight »; elle est en acier provenant de la compagnie pour laquelle la locomotive a été construite. Son diamètre, à l'intérieur du plus petit anneau, est de 0^m,594. L'épaisseur des tôles est de 0^m,008. Les joints, tout aussi bien parallèles à l'axe que suivant la circonférence, sont à simple recouvrement; les premiers sont à deux rangs, les seconds à un seul rang de rivets.

Les tubes, en fer ou bois, sont au nombre de 46; ils ont un diamètre extérieur de 0^m,038, et sont écartés d'axe en axe de 0^m,051; leur longueur, à l'extérieur des plaques tubulaires est de 1^m,832; la surface de chauffe des tubes est de 9^{m2},67; la surface de chauffe directe du foyer étant de 1^{m2},70, la surface de chauffe totale a pour valeur 11^{m2},37. La surface de la grille est de 0^{m2},35.

Le foyer, très court, a seulement 0^m,529 de longueur; sa largeur est de 0^m,657 et sa hauteur de 0^m,686. L'épaisseur des lames d'eau sur les flancs et à l'arrière est de 0^m,051; l'épaisseur des tôles, soit intérieures, soit extérieures, est uniformément égale à 0^m,008; les plaques tubulaires ont 0^m,010 d'épaisseur.

Le ciel du foyer est supporté par des entretoises radiales de 22 millimètres de diamètre. Le dôme de vapeur a 0^m,406 de diamètre et 0^m,483 de hauteur. La pression normale à la chaudière est de 9 kil. 15; le plus petit diamètre de la cheminée 0^m,178.

La hauteur du dessus du rail, au sommet de la cheminée, est de 2^m,667, et la longueur totale de la machine de 4^m,648.

Les tubes proviennent de la « Reading Iron Company; » les bandages des ateliers « Standard Steel Works, » et les injecteurs des fabriques Sellers. Ces usines et fabriques sont à Philadelphie.

Locomotive « Logging »

Ce type, dont la destination spéciale a été indiquée plus haut, est à la voie normale de 1ᵐ,435, et brûle du bois comme combustible. Il est à huit roues, avec deux paires de roues motrices intermédiaires, de 1ᵐ,118, un truck à l'avant, et un truck à l'arrière, dont les roues ont seulement 0ᵐ,660 et 0ᵐ,610 de diamètre.

Le poids de cette locomotive est assez peu considérable, vu son emploi : il atteint seulement 32 700 kilogrammes, et le poids adhérent s'élève à 21 150 kilogrammes.

La capacité de la soute à eau, disposée en selle, au-dessus de la chaudière, est de 4 500 litres.

La machine occupe une longueur totale de 9ᵐ,459; la distance entre les essieux moteurs est de 2ᵐ,134, et la distance transversale d'axe en axe des cylindres est de 2ᵐ,057.

L'acier de la chaudière provient des usines Carnegie, de Pittsburg; les tubes de la « Reading Iron Company; » les bandages des ateliers Standard Steel Works, de Philadelphie. Les garnitures sont métalliques et du système Jérôme. Les injecteurs sont du type Nathan.

Les autres données sont résumées au tableau suivant :

CYLINDRES ET TIROIRS

Diamètre des cylindres.	0ᵐ,356
Course des pistons	0 ,610
Diamètre des tiges de pistons.	0 ,057
Dimensions des orifices d'admission	0 ,330 × 0 ,020
Dimensions des orifices d'échappement	0 ,330 × 0 ,064
Course maximum des tiroirs	0 ,152
Recouvrement extérieur	0 ,029
Recouvrement intérieur.	0 ,0008
Avance correspondant à la course maximum . . .	0 ,002

ROUES, etc.

Diamètre des roues motrices à l'extérieur des bandages	1 ,118
Diamètre des roues des trucks, à l'avant	0 ,660
— — — à l'arrière	0 ,610
Diamètre des fusées des essieux moteurs	0 ,152
Longueur des fusées des essieux moteurs	0 ,203
Longueur des fusées des essieux des trucks . . .	0 ,191

Diamètre des fusées des essieux des trucks . . .   0 ,114
Longueur des ressorts, d'axe en axe des points d'articulation . . . .   0 ,965

CHAUDIÈRE, etc.

Type	Straight
Diamètre de la plus petite virole (à l'intérieur). . .	1 ,099
Epaisseur des viroles	0 ,010
Nombre des tubes	117
Diamètre des tubes	0^m,051
D'axe en axe de deux tubes voisins	0 ,067
Longueur des tubes à l'extérieur des plaques de tête.	3 ,321
Epaisseur de ces plaques de tête.	0 ,013
Longueur intérieure de la boîte à feu	1 ,249
Largeur — — —	0 ,873
Hauteur — — —	1 ,283
Epaisseur des lames d'eau sur les flancs et à l'arrière.	0 ,076
— ... — à l'avant	0 ,102
Diamètre des entretoises du ciel de foyer	0 ,025
Diamètre du dôme de vapeur.	0 ,597
Hauteur — —	0 ,787
Pression normale à la chaudière	9^k,15
Epaisseur des barreaux de la grille	0^m,019
Espacement des barreaux de la grille	0 ,016
Surface de la grille	1 ,809
— de chauffe directe.	5 ,67
— — des tubes	61 ,31
— — totale	66 ,98
Plus petit diamètre de la cheminée	0 ,356
Du dessus du rail au sommet de la cheminée . . .	4 ,394

Les joints des tôles sont à recouvrement, avec deux rangs de rivets aux joints parallèles à l'axe longitudinal, et un rang de rivets aux joints suivant la circonférence.

Locomotive « Consolidation »

EXPOSÉE PAR LES ATELIERS RICHMOND (VIRGINIE)

Ces ateliers exposaient une seule machine, dont les cylindres avaient 0^m,508 de diamètre, et dont la course était de 0^m,610. La vapeur est produite par une surface totale de chauffe de 161^{m3},65, dont 14^{m3},40 de

surface de chauffe directe du foyer. La surface de la grille est de 2m³,86
La boîte à feu a relativement peu de hauteur, et est très écrasée à la
partie supérieure, figure 6, planche 93.

Les roues motrices et les roues du truck ont respectivement 0m,270
et 0m,762 de diamètre. Le poids total de la machine en ordre de marche est de 577 50 kilogrammes, le poids adhérent étant de 50 250 kilogrammes, comme dans beaucoup de machines américaines, la chaudière
fixée à l'avant à l'entretoise des cylindres, est reliée à la hauteur de
la boîte à feu aux longerons par l'intermédiaire de quatre bielles au lieu
de glissières comme cela se fait toujours en Europe.

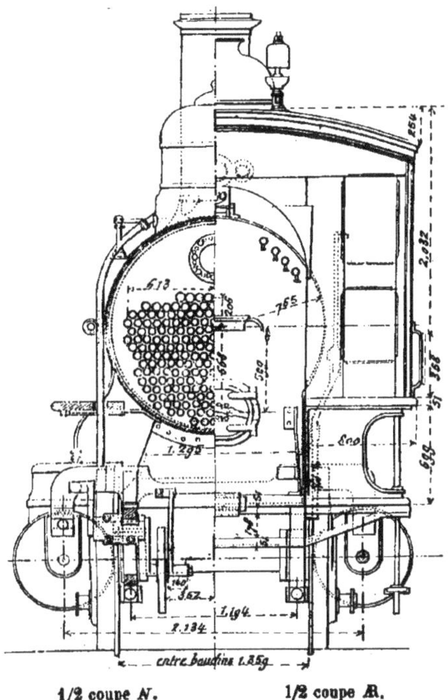

1/2 coupe N.   1/2 coupe R.

Les autres conditions d'établissement sont résumées dans le tableau
suivant :

CYLINDRES

Diamètre 0m,508
Course du piston . . . .   0 ,610

Diamètre de la tige du piston . . . .   0^m,086
Dimension des lumières d'admission . . . . . .   0 ,406 $\times$ 0 ,032
Dimension des lumières d'échappement . . . .   0 ,406 $\times$ 0 ,064
Epaisseur de métal entre ces orifices . . . . .   0 ,038
Course maximum du tiroir . . . .   0 ,140
Recouvrement extérieur. . . . .   0 ,019
    —   intérieur   0
Avance à la course maximum . . . .   0 ,008

CHAUDIÈRE

Type de chaudière . . . .   Straight
Diamètre à l'extérieur de la première virole . . .   1 ,502
Epaisseur de l'enveloppe du foyer. . . . . . .   0 .014
    —   du ciel du foyer . . . .   0 ,009.5
    —   des flancs . . . .   0 ,007.9
    —   à l'arrière. . . . .   0 ,007.9
    —   des plaques tubulaires . . . . .   0 ,012.7
Longueur de la boîte à feu . . . .   2 ,621
Largeur . . . .   1 ,092
Hauteur moyenne . . . .   1 ,499
Epaisseur de la lame d'eau en avant . . . . .   0 ,102
    —   — — en arrière et sur les côtés   0 ,076
Diamètre des entretoises du ciel du foyer. . . .   0 .025
Nombre des tubes.   238
Diamètre extérieur des tubes . . . .   0^m,051
Longueur des tubes . . . .   3 ,881
Surface de chauffe totale . . . .   161$^{m^2}$65
    —   — directe . . . .   14 ,40
    —   — des tubes . . . .   147 ,25
Surface de la grille . . . .   2 ,86

ROUES, FUSÉES

Diamètre des roues motrices . . . .   1 ,270
Diamètre des roues du truck . . . .   0 ,762
Diamètre des fusées motrices . . . .   0 ,178
Longueur des fusées du truck . . . .   0 ,222
Diamètre des fusées du truck . . . .   0 ,127
Capacité du tender en eau . . . .   15$^{m^3}$,9
    —   — en charbon. . . . .   6 tonnes
Empattement rigide de la machine . . . . . .   4 ,267
Distance d'axe en axe des essieux extrêmes. . .   6 ,605
Distance des essieux extrêmes de la machine et
de son tender . . . .   14 ,643
Poids total de la machine en ordre de marche . .   37.750 kil.

Poids adhérent . . . . : . . . . .   20.250 »
Poids sur le truck . . . .   7.500 »

Les garnitures du piston sont métalliques et du système Jérôme. Les tiroirs sont des tiroirs équilibrés type Richardson. Les rivures longitudinales des tôles de la chaudière sont à recouvrement, avec un petit couvrejoint extérieur. L'ensemble comprend quatre rangs de rivets. Les rivures, suivant le rayon, ne comprennent que deux rangs de rivets.

Les tubes sont en fer au bois. La grille est formée par des barreaux oscillants. L'acier formant les tôles du foyer provient des usines Otis, celui des tôles de chaudière des usines Carnégie.

Les dessins relatifs à cette locomotive comprennent avec une vue perspective une élévation de côté, un plan et les détails de la chaudière et du foyer, et sont représentés sur les planches 92 et 93.

Ateliers Cooke, de Paterson N. J.

L'exposition Cooke se composait de deux locomotives représentées par la planche 82. La première de ces machines a été construite pour « l'Erie Railroad » et son poids total, en ordre de marche, est de 61 050 kilogrammes. La machine est à cylindres indépendants de $0^m,483$ de diamètre, avec une course de piston de $0^m,660$. La pression à la chaudière est de 12 k. 67.

Cette locomotive est du type huit roues, et est destinée à la voie de $1^m,435$. Le combustible employé est le charbon anthraciteux. La chaudière est du type « Straight ». Son diamètre, mesuré à l'intérieur de la plus petite virole, est de $1^m,676$; les tôles sont en acier, les rivures parallèles à l'axe sont à francs bords, avec couvrejoints intérieur et extérieur ; suivant le rayon, les rivures des tôles sont à simple recouvrement avec deux rangs de rivets.

Les tubes, au nombre de 272, sont en fer (n° 12 W. G.) et ont une longueur totale de $3^m,683$ à l'extérieur des plaques de tête, leur diamètre est de $0^m,051$ à l'extérieur. La surface de grille est de $3^m,37$, et la grille elle-même est formée en partie par des tubes à circulation d'eau.

Les dimensions principales sont inscrites au tableau suivant :

Locomotives de l' « Erie Railroad »

DIMENSIONS GÉNÉRALES

Diamètre des cylindres	$0^m,483$
Course des pistons.	$0\ ,660$
Largeur de la voie.	$1\ ,435$
Poids adhérent	40.250 kil.
Poids sur le truck	20.800 »
Poids total en ordre de marche	61.050 »
Poids du tender, à vide.	16.800 »
Capacité du tender en eau	$16^{m3},8$
Capacité du tender en charbon.	$6^t,5$
Empattement total de la machine	$7^m,233$
— des roues motrices	$2\ ,591$
— total du tender	$4\ ,775$
— — de la machine et du tender	$14\ ,922$
Longueur totale de la machine et du tender.	$19\ ,520$

CHAUDIÈRE ET FOYER

Type	Straight
Diamètre intérieur de la première virole	$1^m,676$
Epaisseur des tôles	$0\ ,016$
Nature des tubes.	Fer
Diamètre extérieur	$0^m,051$
Longueur totale	$3\ ,683$
Longueur de la boîte à feu.	$3\ ,200$
Largeur — —	$1\ ,054$
Hauteur de la boîte à feu à l'arrière	$1\ ,422$
— — — à l'avant	$1\ ,740$
Epaisseur d'eau sur les côtés et à l'arrière	$0\ ,089$
— — à l'avant	$0\ ,102$
Epaisseur des tôles extérieures du foyer.	$0\ ,014$
— — intérieures du foyer sur les côtés	$0\ ,008$
— — — — en arrière	$0\ ,010$
Epaisseur des plaques tubulaires	$0\ ,013$
Diamètre du dôme de vapeur :	$0\ ,737$
Hauteur du dôme de vapeur	$0^m,610$
Surface de grille	$3^{m2}37$
— de chauffe directe	$17\ ,37$
— — des tubes	$158\ ,58$
— — totale	$175\ ,95$
Pression à la chaudière	$12^k,67$

ROUES, FUSÉES

Diamètre des roues motrices	1ᵐ,829
— des fusées motrices	0 ,216
Longueur des fusées motrices	0 ,305
Diamètre des roues du truck	0 ,838
— des fusées du truck	0 ,152
Longueur des fusées du truck	0 ,148

TIROIRS

Course maximum.	0 ,152
Recouvrement extérieur.	0 ,025
— intérieur.	0 ,002
Avance.	0 ,002
Lumières d'admission	0 ,044 × 0 ,457
— d'échappement	0 ,083 × 0 ,457

DIMENSIONS DIVERSES

Du dessus du rail au sommet de la cheminée . .	4ᵐ,521
Orifices d'échappement [doubles] diamètre. . .	0 ,083
Diamètre des tiges de piston	0 ,095
Epaisseur des pistons	0 ,152

La seconde des locomotives représentées par la planche 101 a été construite spécialement pour l'exposition. Elle est du type dix roues, mais son poids total est néanmoins à quelques kilogrammes près le même que celui du type huit roues, que nous venons de décrire. La longueur totale est également à peu près la même.

Les joints des tôles de chaudière sont exécutés comme ceux de la locomotive précédente, c'est-à-dire à bords francs et couvrejoints suivant le sens parallèle à l'axe, et à recouvrement et deux rangs de rivets suivant la circonférence.

Les tubes sont en fer, avec un diamètre extérieur un peu plus fort ($0^m,057$ contre $0,051$), leur longueur totale à l'extérieur de plaques de tête est de $4^m,115$.

La boîte à feu a $3^m,048$ de longueur sur $0^m,848$ de largeur ; sa hauteur est variable depuis $1^m,565$ à l'arrière, à $1^m,915$ à l'avant. La lame d'eau qui l'environne a $0^m,076$ sur les côtés, $0^m,089$ en arrière et $0^m,102$ en avant.

Toutes les tôles soit de la chaudière, soit du foyer sont en acier. Les tôles de la chaudière ont $0^m,014$ d'épaisseur, les plaques tubulaires $0^m,013$, les tôles extérieures du foyer $0^m,014$.

Le ciel des foyers est supporté par des boulons d'entretoise de 0m,025 de diamètre.

Ici, le tuyau d'échappement est unique, et l'orifice d'échappement à la cheminée est également unique, son diamètre est de 0m,121.

Les dimensions principales sont inscrites au tableau ci-après :

Diamètre des cylindres	0m,533
Course des pistons	0 ,660
Largeur de la voie	1 ,435
Poids adhérent	46.250 kil.
Poids sur le truck	15.850 »
Poids total, en ordre de marche	62 100 »
Capacité du tender en eau	16m3 8
Empattement total de la machine.	7m,214
Distance d'axe en axe des essieux moteurs extrêmes	3 ,937
Empattement du tender.	4 ,801
Longueur totale de la machine et du tender. . .	18 ,250
Empattement total	15 ,075

La chaudière est du type wagon-top, le combustible employé est la houille. Les données du tiroir sont les suivantes :

Course maximum.	0m,146
Recouvrement extérieur.	0 ,019
— intérieur.	0
Avance.	0 ,002
Dimensions des lumières d'admission.	0 ,041 × 0 ,508
— — d'échappement. . . .	0 ,076 × 0 ,508

Les segments des pistons sont en fonte, son épaisseur totale est de 0m,152. La tige du piston a un diamètre de 0m,089.

Locomotive type " Américain "

CONSTRUITE PAR " THE OLD COLONY RAILROAD " DE BOSTON

Cette Société avait envoyé, de ses ateliers principaux de Boston, une locomotive à huit roues, que nous allons décrire, un wagon à voyageurs et un autre à marchandises, spécialement destiné aux transports des charbons, enfin une locomotive construite par elle en 1858, et une voiture à voyageurs datant de 1835.

Cette machine à huit roues est représentée en détails sur les planches 78 et 79.

Comme on le voit sur ces dessins, la chaudière est du type « wagon-top », son diamètre intérieur est de 1ᵐ,321, et sa longueur totale de l'arrière du foyer à l'avant de la boîte à fumée est de 7ᵐ,207.

La surface totale de chauffe est composée comme suit :

240 tubes de 3ᵐ,429 de longueur, et de 0ᵐ,051 de diamètre.   114ᵐˢ,73
Surface directe du foyer . . . .   12 ,81
          Surface totale. . . .   127ᵐˢ,54

Le poids de la chaudière se décompose ainsi :

Poids de la chaudière à vide . . . .   10.670 kil.
Poids de 1075 gallons d'eau . . . .   4.300 »
          Poids total . . . . .   14.970 kil.

Les dessins de détail comprennent les détails de la chaudière (fig. 5 à 12), des têtes de crosse et des glissières (figures 12 à 19), du mécanisme de distribution (figures 19 à 22), et d'une tête de bielle (fig. 22 et 23).

La disposition des têtes de crosse est assez particulière, on voit que la surface de friction est formée par deux plaques, ces plaques sont en fonte, mais elles reposent sur une surface en acier fondu.

Les données du mécanisme de distribution sont les suivantes :

Diamètre des cylindres 0ᵐ,457
Course des pistons . . . .   0 ,610
Longueur de la bielle motrice . . . .   2 ,286
Distance entre l'axe de l'essieu moteur d'avant et
      l'axe moyen de la coulisse . . . .   1 .870
Rayon de la manivelle donnant le mouvement au
      tiroir. . . . .   0 ,241
Rayon du levier de changement de marche . . .   0 ,495
Rayon du levier de relèvement . . . .   0 ,508
Largeur des orifices d'admission . . . . . .   0 ,029
      —   —   d'échappement . . . . .   0 ,029
Epaisseur du métal entre ces orifices . . . . .   0 ,076
Longueur de ces orifices. . . . .   0 ,457
Recouvrement extérieur. . . . .   0 ,022
      —   intérieur. . . . .   0 ,002

Course de l'excentrique . . . .   0^m,127
Rayon de la coulisse. . . . .   1 ,870
Distance entre les points d'attache des barres d'ex-
    centrique sur la coulisse . . . .   0 ,805
Distance de ces points à l'arc moyen de la coulisse   0 ,076
Longueur de la tige de suspension du coulisseau .   0 ,368
Distance entre le centre du levier coudé et le point
    d'attache du levier de changement de marche. .   0 ,495

Les dimensions principales et conditions d'établissement sont les suivantes.

Cylindres : course . . . .   0^m,610
    —   diamètre. . . . .   0 ,457
Empattement total de la machine . . . . . .   7 ,176
Empattement total de la machine et du tender . .   14 ,084
Distance d'axe en axe des essieux moteurs . . .   2 ,743
Poids adhérent . . . .   29.050 kil.
Poids sur le truck . . . .   15.900 »
Poids total en ordre de marche . . . . . .   44 950 »
Poids du tender chargé . . . .   30.400 »
Poids total de la machine et du tender. . . . .   75.300 »
Diamètre de la chaudière à l'intérieur de la plus
    petite virole. . . . .   1^m,321
Longueur de la boîte à feu, à l'intérieur . . . .   1 ,981
Surface de la grille . . . .   1^{m2}79
Surface de chauffe directe . . . .   12 ,81
    —   —   indirecte (tubes) . . . . .   114 ,73
    —   —   totale . . . .   127 ,54
Epaisseur des tôles de chaudière . . . . . .   0 ,013
Nature des tôles de chaudière . . . .   Acier Otis
Epaisseur des tôles du foyer . . . .   0^m,010
Nombre des tubes   211
Longueur des tubes . . . .   3^m,429
Diamètre extérieur . . . .   0 ,051
Fusées motrices, diamètre et longueur . . . .   0 ,203 × 0 ,203
Fusées du truck,   —   —   . . . .   0 ,140 × 0 ,154
Fusées du tender,   —   —   . . . .   0 ,114 × 0 ,203

Ateliers de Pittsburg

Ces très importants ateliers exposaient au «World's Fair» cinq machines dont la planche n° 83 représente les schémas. Les ateliers de Pittsburg sont situés à Alleghany City et sont des mieux installés comme organisation générale et machines spéciales. Les fonderies, forges, rattachées à cet établissement sont pourvues des appareils les plus perfectionnés et la machinerie date de 1893.Comme dans tous les grands ateliers américains un laboratoire d'essais est attaché à l'usine.

Locomotive, type voyageurs, à dix roues du Terre-Haute and Indianapolis Railroad

(Planches 84 et 86)

Cette machine est à six roues accouplées avec truck à l'avant à quatre roues. Les cylindres sont indépendants, ont 0^m,508 de diamètre et 0^m,660 de course de piston. Le poids total est de 62 600 kilogrammes et le poids adhérent de 49 900 kilogrammes. Il reste donc un poids sur le truck de 12 700 kilogrammes.

La surface totale de chauffe est très considérable et atteint 207^{m3},72. La surface de grille est de 2^{m3},97.

Pour les joints de la chaudière parallèles à l'axe, les tôles sont coupées à francs bords, on place un couvrejoint à l'extérieur, un à l'intérieur, et le tout est réuni par six rangs de rivets. Pour les joints suivant la circonférence, une rivure à deux rangs de rivets est seule employée.

Le ciel du foyer est soutenu par des boulons d'entretoise dirigés suivant le rayon. La grille est en fonte à barreaux oscillants.

Les longerons du tender sont en chêne, les roues sont en fonte coulée en coquille.

La locomotive est pourvue du frein à air américain. Les fonds des cylindres, la boîte renfermant les tiroirs, et le dôme de vapeur sont en acier comprimé. Les glissières et les têtes de crosse, du type Laird, sont également en acier.

Les dimensions principales sont données dans le tableau suivant :

Largeur de la voie.	1^m,448
Poids adhérent	49.900 kil.
Poids sur le truck	12.700 »
Poids total.	62.600 »
Empattement total de la machine.	7^m,214
Distance d'axe en axe des essieux moteurs extrêmes	4 ,064

Empattement total, machine et tender . . . . 17 ,564
Longueur totale de la machine et du tender. . . 18 ,709
Du dessus du rail au sommet de la cheminée . . 4 ,709

CYLINDRES

Diamètre . . . . 0^m,508
Course du piston . . . . 0 ,660
Diamètre des tiges des pistons. . . . . . . 0 ,089
Longueur des bielles motrices . . . . 2 ,910
Longueur des lumières d'admission . . . . . 0 ,457
Largeur   —   —   . . . . . 0 ,035
Longueur de l'orifice d'échappement . . . . . 0 ,457
Largeur   —   —   . . . . . 0 ,076

TIROIRS

Type . . . . Richardson équilibré
Course maximum. . . . . 0^m,127
Recouvrement extérieur. . . . . 0 ,022
Découvrement intérieur. . . . . 0 ,002
Avance pendant la course maximum . . . . . 0 ,002

CHAUDIÈRE ET FOYER

Diamètre de la plus petite virole . . . . . . 1^m,626
Diamètre à l'arrière . . . . 1 ,778
Nombre des tubes. 300
Diamètre des tubes . . . . 0^m,051
Longueur des tubes, à l'extérieur des plaques tubu-
laires . . . . 4 ,013
Longueur extérieure de la boîte à feu. . . . . 2 ,896
Largeur · —   —   —. . . . . 1 ,026
Epaisseur de la lame d'eau, sur les côtés en arrière
et à l avant . . . . 0 ,102
Surface de la grille . . . . 2^m·97
Surface de chauffe des tubes 195 60
    —   —   directe du foyer 12 12
    —   —   totale . . . . 207 ,72
Diamètre minimum de la cheminée . . . . . 0 ,404

ROUES, etc.

Diamètre des roues motrices. . . . . 1^m,829
Diamètre des roues motrices à l'intérieur du bandage 1 ,676
Dimensions des bandages . . . . 0^m,076 $\times$ 0 ,152
Diamètre des fusées motrices. . . . . 0 ,203
Longueur   —   —   . . . . 0 ,254

TRUCK

Type.	. 4 roues, centre plein
Dimension des bandages.	0ᵐ,064 × 0ᵐ,140
Diamètre des fusées	0 ,140
Longueur —	0 ,254

TENDER

Poids du tender à vide	13,300 kilog.
Poids du tender chargé	34,450
Diamètre des roues	0ᵐ,914
Diamètre des fusées	0 ,102
Longueur —	0 ,203
Capacité du tender en eau	18ᵐˢ,1

Les bandages sortent des ateliers Latrobe. Les essieux des roues motrice, du truck et du tender sont en acier. Les bielles motrices et celles d'accouplement sont en forme de double T, avec renforts aux extrémités. La garniture de la chaudière des cylindres et du dôme est formée simplement par du bois. Les fonds des cylindres sont en acier comprimé ainsi que l'avant de la boîte à fumée et la porte qu'elle renferme.

Les freins sont de deux types, Westinghouse et American. Les sabots sont en acier Ross. Les soupapes de sûreté sont du type Crosby.

A la vitesse de 64ᵏ,4 par heure, la locomotive que nous venons de décrire remorque, sur un palier, une charge du 512 t.,6, sur une rampe de 1/4 % une charge de 362 t.,8, sur une rampe de 1/2 %, 272 t.,2, sur une rampe de 3/4 %, 163 t.,3.

A une vitesse moitié, soit 32ᵏ,2 par heure, la locomotive remorque : sur une rampe de 1 1/4 % 353 t.,8, sur une rampe de 1 1/2 % 299 t.,4, sur une rampe de 1 3/4 % 254 tonnes, sur une rampe de 2 % 108 t.,9, sur une rampe de 2 1/2 % 163 t.,3.

Locomotives à cylindres indépendants type 10 roues
à marchandises du Cincinnati, Hamilton and Dayton Railroad

Le schéma de cette locomotive est représenté sur la planche n°83 par les figures 3 et 4.

La voie pour laquelle elles sont destinées est de 1ᵐ,435. Le poids total de la machine, en ordre de marche est de 47 850 kilogrammes, se décomposant en un poids adhérent de 38 900 kilogrammes et un poids sur le truck de 8 950 kilogrammes.

L'empattement rigide est de $3^m,251$, et l'empattement total de la machine de $6^m,401$. La distance d'axe en axe du dernier essieu du tender à l'essieu d'avant de la locomotive est de $14^m,249$.

La longueur de la bielle motrice, d'axe en axe des centres des têtes de bielle est de $2^m,667$. La hauteur du dessus du rail au sommet de la cheminée est de $4^m,470$.

Les cylindres ont $0^m,457$ de diamètre et $0^m,610$ de course de piston.

A la vitesse de $32_k,2$ à l'heure, cette machine peut remorquer un train de marchandise d'un poids de 1 360 tonnes, la voie étant en palier. Cette charge se réduit à 862 tonnes, en rampe de 1/4 % à 612 tonnes en rampe de 1/2 %, à 467 tonnes, en rampe de 3/4 % et à 376 tonnes en rampe de 1 %.

A une vitesse moitié, soit $16_k,1$ à l'heure, les charges que la locomotive peut remorquer sont les suivantes : en rampe de 1 1/4 % 376 tonnes, en rampe de 1 1/2 % 317 tonnes, en rampe de 1 3/4 % 272 tonnes, en rampe de 2 % 236 tonnes, en rampe de 2 1/2 % 177 tonnes, en rampe de 3 % 141 tonnes, ce qui suppose un coefficient d'adhérence très élevé.

Machine de manœuvre des ateliers Pittsburg

Cette petite machine, destinée à une entreprise ou à un service d'usines, était pour une largeur de voie de $0^m,610$. Le poids total de la machine en ordre de marche est de 5 670 kilogr. L'empattement de la machine est de $1^m,067$ et sa longueur totale de $4^m,496$. La bielle motrice mesure, d'axe en axe des têtes la bielle $1^m,234$. La hauteur du dessus du rail au sommet de la cheminée est de $2^m,134$. La capacité du réservoir d'eau est de 450 litres. La distance d'axe en axe des cylindres est de $1^m,080$. Les cylindres ont $0^m,152$ de diamètre et la course des pistons est de $0^m,254$.

Les charges remorquées sont les suivantes : elles correspondent naturellement à de très faibles vitesses.

Palier. . . . .   200 tonnes

Rampe de $\frac{1}{4}$ % . . . .   118 —

— $\frac{1}{2}$ % . . . .   85^{t},5

— $\frac{3}{4}$ % . . . .   64 ,5

—   1 % . . . .   52 ,2

—   1 $\frac{1}{4}$ % . . . .   42 ,6

—   1 $\frac{1}{2}$ % . . . .   36 ,3

—   1 $\frac{3}{4}$ % . . . .   31 ,7

—   2 % . . . .   27 ,2

—   2 $\frac{1}{2}$ % . . . .   24 ,8

—   3 % . . . .   17 ,7

Fonctionnement compound des ateliers de Pittsburg

Le mécanisme grâce auquel la machine peut fonctionner à cylindres indépendants et ou à cylindres compound est clairement montré par les deux figures ci-dessous.

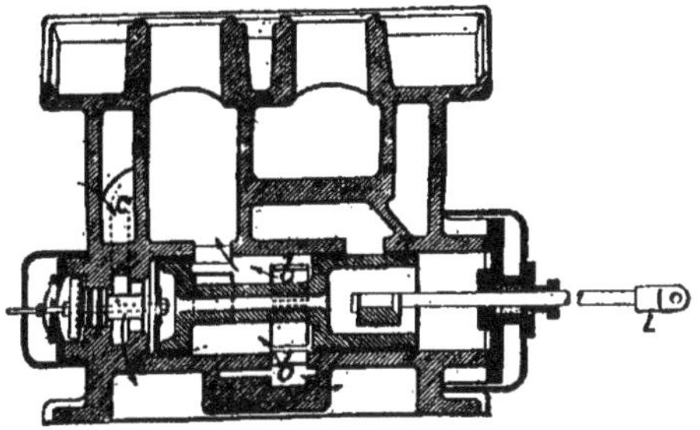

Fig. A.

Le mode de construction suppose le mécanisme placé au-dessus des cylindres. C'est celui qui est généralement adopté par les ateliers de Pittsburg.

Le mécanicien, à l'aide d'un levier placé à portée de sa main, et par l'intermédiaire d'un cylindre faisant l'office de servo-moteurs peut manœuvrer la tige L dans un sens ou dans l'autre.

La figure A correspond au fonctionnement en cylindres indépendants. On voit que la vapeur de la chaudière, entrant en c dans l'appareil peut passer directement au réservoir intermédiaire, et par suite au cylindre à basse pression.

Dans la figure B, qui correspond au fonctionnement compound, cette communication ne peut avoir lieu, et l'orifice a de la figure A étant également fermé, la vapeur d'échappement provenant du cylindre à haute pression par les lumières b ne peut que passer directement au réservoir intermédiaire.

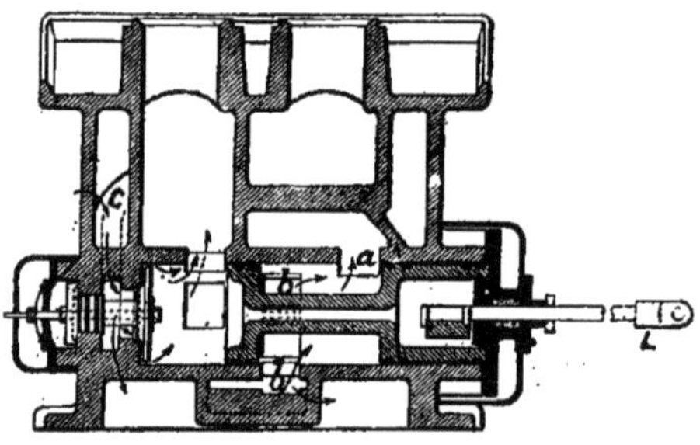

Nous donnons dans les dessins de la machine type « Mogul » que nous allons décrire une coupe transversale à travers les cylindres, ce qui avec les figures A et B ci-dessus, donnera une idée complète du mode de construction.

Locomotive type " Mogul " à 8 roues

Cette machine est destinée au « Columbus, Hocking Valley and Toledo Railway ». Le schéma est donné sur la planche 83, l'élévation latérale, les vues de face et d'arrière, la section à travers les cylindres et les coupes du foyer et de la boîte à fumée sont données sur la figure de la planche 85.

La voie est de $1^m,435$. Le poids total de la machine, en ordre de marche, est de 52 700 kilogrammes comprenant un poids adhérent de 45 700 kilogrammes.

Le poids du tender à vide est de 13 050 kilogrammes. Les cylindres ont respectivement 0,483 et 0,737 de diamètre, avec une course de piston de 0,660.

Les tiroirs sont du type Richardson et sont équilibrés. Leurs données sont les suivantes :

1° Tiroir du cylindre à haute pression :

Course maximum	0ᵐ,127
Recouvrement extérieur	0 ,019
Découvrement intérieur	0 ,003
Avance maximum.	0 ,002

2° Tiroir cylindrique à basse pression :

Course maximum	0ᵐ,152
Recouvrement extérieur	0 ,019
Découvrement intérieur	0 ,016
Avance maximum.	0 ,003

Les lumières d'échappement ont 0,457 sur 0,032 au cylindre à haute pression, et 0,508 sur 0,038 au cylindre à basse pression.

Les garnitures des pistons sont du type Jerôme ; les tôles de chaudière sont en acier, les joints suivant la circonférence sont à recouvrement et double rang de rivets, ceux suivant une parallèle à l'axe de la chaudière sont à bords francs, double couvrejoint et six rangs de rivets.

Les tubes sont en fer, au nombre de 232, ont un diamètre extérieur de 0,051 et une longueur totale à l'extérieur des plaques de tête de 3ᵐ,20 environ.

Les autres données principales et conditions d'établissement sont résumées dans le tableau suivant :

Empattement total de la machine	6ᵐ,350
D'axe en axe des essieux moteurs extrêmes . . .	4 ,013
Empattement total de la machine et du tender . .	14 ,732
— — du tender seul	4 ,801
Longueur totale de la machine et du tender . . .	18ᵐ,097
De l'axe de la chaudière au dessus du rail. . . .	2 ,311
Du dessus du rail au sommet de la cheminée, . .	4 ,445
Surface de chauffe directe.	14ᵐ²,95
— — indirecte (tubes).	121 ,80
— — totale	136 ,75
Surface de la grille.	2 ,24

ROUES ET FUSÉES

Nombre de roues	4
Diamètre à l'extérieur des bandages	1^m,372
Diamètre des roues du truck	0 ,762
Fusées motrices, diamètre	0 ,208
— — longueur	0 ,229
— du truck, diamètre	0 ,127
— — longueur	0 ,229

CYLINDRES

Diamètre du cylindre à haute pression	0 ,483
— — basse —	0 ,737
Diamètre des tiges des pistons.	0 ,089
Longueur de la bielle motrice d'axe en axe des centres des têtes de bielle	2 .159

CHAUDIÈRE

Pression à la chaudière	12^m,67
Diamètre de la plus petite virole	1 ,495
Épaisseur des plaques tubulaires	0 ,013
— du ciel du foyer	0 ,016
Diamètre du dôme	0^m,762
Hauteur du dôme.	0 .660

TUBES. — FOYER

Diamètre extérieur des tubes	0^r,051
Nombre.	232
Longueur de la boîte à feu	2^m,743
Largeur — —	0 '822
Hauteur — — à l'avant	1 ,829
— — — à l'arrière	1 ,524
Épaisseur des tôles intérieures.	0 ,008
— — extérieures, ...	0 ,013
Épaisseur de la lame d'eau en avant et sur les côtés.	0 ,102
— — en arrière.	0 ,089

TENDER

Poids à vide	13^m,050
Nombre de roues.	8
Diamètre des roues	0^m,787
Diamètre des fusées	0 ,108
Longueur	0 ,203
Empattement total	4^m,601
De centre en centre des roues	1 ,549
Contenance : eau.	16^{m³},3
— charbon	10 tonnes

A la vitesse de 32 kil. 24 par heure, la locomotive que nous venons de décrire remorque sur un palier une charge de 1 723 t, sur une rampe de 1/4 % 1 098 t, sur une rampe de 1/2 % 773 t, sur une rampe de 3/4 % 608 t, sur une rampe de 1 % 490 tonnes.

A une vitesse moitié, soit 16 k. 1 par heure, la locomotive remorque : avec une rampe de 1 1/4 % 494 t, avec une rampe de 1/2 % 417 t, avec une rampe de 1 3/4 % 358 t, avec une rampe de 2 % 313 t, avec une rampe de 2 1/2 % 240 t, enfin avec une rampe de 3 % 195 tonnes.

Locomotive, type « american »

Cette locomotive représentée par le schéma (fig. 8 de la planche 83), est destinée à la voie de $1^m,435$.

Le poids total de la machine en ordre de marche est de 51 050 kilos, comprenant un poids adhérent de 32 650 kilos.

La distance des essieux moteurs extrêmes est de $2^m,438$, l'empattement total de la machine est de 6,858. et celui de la machine et du tender de 17,608.

Les bielles motrices ont une longueur de $2^m,167$, mesurée d'axe en axe des têtes de bielles. Le diamètre du cylindre à haute pression est de 0,483, celui du cylindre à basse pression $0^m,737$, et la course des pistons est de 0,660.

La hauteur du dessus du rail au sommet de la cheminée est de 4,572.

A la vitesse de 64 k. 4 à l'heure, les charges remorquées ainsi que l'indication des rampes sont données par le tableau suivant :

Palier.	408 tonnes	
Rampe de $\frac{1}{4}$ %	286	—
— $\frac{1}{2}$ %	213	
— $\frac{3}{4}$ %	163	—
— 1 %	127	—

De même, avec une vitesse réduite de moitié, soit 32 kil. 2 à l'heure, les charges remorquées sont les suivantes :

Rampe de 1 $\frac{1}{4}$ % . . . . 281 tonnes

— 1 $\frac{1}{2}$ % . . . . 236 —

— 1 $\frac{3}{4}$ % . . . . 195 —

— 2 % . . . . 168 —

— 2 $\frac{1}{2}$ % . . . . 127 —

Ces chiffres ainsi que ceux qui précèdent sont reproduits tels qu'ils sont présentés par les ateliers de Pittsburg. Nous ne pouvons cacher qu'ils nous semblent bien élevés.

Nous donnerons à titre de comparaison avec la machine des ateliers de Rhode Island, quelques renseignements sur la locomotive construite par les ateliers de Pittsburg pour le « Brooklyn Elevated Railroad ».

Cette locomotive du type connu en Amérique sous le nom de « Forney » a deux paires de roues accouplées et un truck à quatre roues à l'arrière sous le tender joint à la machine. Les données suivantes sont celles adoptées par M. Nichols, ingénieur en chef du « Brooklyn Elevated Railroad ».

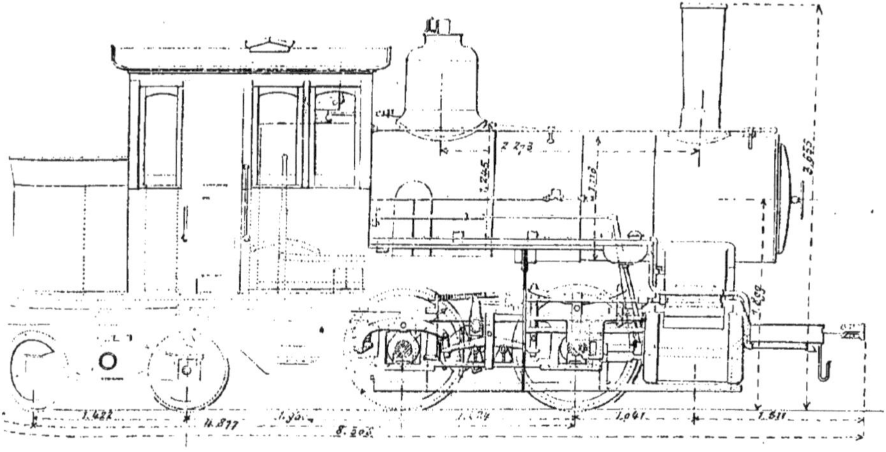

La distance entre les essieux moteurs est de 1,524 et entre les essieux extrêmes 4,877. Le poids total de la machine, en ordre de marche, est de 20 600 kilogrammes et le poids adhérent d'environ 18 150 kilogrammes. La capacité du tender est de 2 730 litres.

La hauteur du dessus du rail au sommet de la cheminée est de 3 658.

La boîte à feu a 1^m,270 de longueur sur 1,076 de largeur, et les tubes ont 0,038 de diamètre extérieur.

Ateliers Porter et Cie, de Pittsburg (Pensylvanie)

La fabrication de ces ateliers est limitée à celles des locomotives légères pour toutes voies et tous services, de tous dessins et dimensions depuis un diamètre du cylindre de 0,127 jusqu'à un diamètre de 0,356.

Ces ateliers exposaient au « Transportation Building » quatre locomotives. Une du type « Mogul », une du type « City and Suburban R. R », une du type « Contractor » une « Midget ».

Une cinquième locomotive « Logger » était exposée au « Michigan Logging Camp ».

Pour les tôles extérieures des chaudières, les ateliers Porter emploient la meilleure qualité d'acier à frettes, et pour les boîtes à feu l'acier au creuset bien homogène et provenant des meilleurs fabricants. Les joints des tôles sont du type à recouvrement, les tubes, du côté du foyer sont assemblés à la plaque tubulaire par des viroles en cuivre. Le pourtour de la porte de la boîte à fumée est muni d une collerette formée par le recouvrement des tôles.

La rivure des chaudières est faite à la main par un procédé perfectionné et les rivets sont matés avec soin. Les essais se font à chaud et hydrauliquement à une pression de 12 k. 67, en plus chaque chaudière avant d'être livrée est essayée à l'usine par sa propre vapeur dans les conditions normales de travail, les roues tournant sur des rouleaux de friction.

Ces machines sont remarquables par le peu de fini des organes ; l'ajustage n'est fait que là où cela est indispensable. A première vue, le constructeur européen est étonné de voir un pareil travail. Mais ces machines, malgré leur bas prix font un service excellent : c'est que les matières premières sont de bonne qualité, et que le montage, fait avec des organes exécutés entièrement en série et à la machine-outil, ne laisse rien à désirer ; à part les têtes de bielle, les parties frottantes des coulisses, les glissières, tout est brut de forge.

Les glissières et les tiges des pistons sont en acier laminé à froid. Les têtes de crosse sont en acier coulé. Les coulisses sont en acier forgé et trempé ; les coulisseaux sont munis d'axes démontables en acier trempé. Les bielles motrices et les tiges des tiroirs sont en acier corroyé et d'une seule pièce, d'une manière générale, d'ailleurs, toutes les pièces de forge sont en acier, à l'exception de celles qui nécessitent des soudures, et qui sont alors en fer de qualité supérieure. Ces machines ne circulant que sur des lignes industrielles, agricoles, ou très primitives et sur des voies en général très mauvaises; il a fallu donner une grande robusticité et une grande souplesse à tous les organes qui les composent.

Machine type " Mogul "

Ce type est spécialement destiné aux longs parcours des trains de marchandises, où une vitesse relativement assez considérable est exigée. Il est également employé pour les trains mixtes de voyageurs et marchandises sur les rampes assez fortes. Cette machine passe dans les courbes de 45 mètres seulement de rayon, et la vitesse moyenne est de 40 kilomètres à l'heure.

Les roues motrices intermédiaires sont dépourvues de boudins, cet qui facilite le passage dans les courbes en diminuant l'empattement rigide.

Le centre de gravité est particulièrement peu élevé dans ce genre de machine ; aussi ces locomotives ont-elles une grande stabilité.

Nous donnons sur les planches n°s 86 et 87 les dessins de la locomotive Mogul, de 23 600 kilogrammes, qui est la plus forte de celles construites par les ateliers Porter. En regard de ces dimensions principales données au tableau ci-dessous, nous avons inscrit des données du plus petit type de machine Mogul construit. C'est celui de 15 400 kilos. Entre ces deux types extrêmes, les ateliers Porter et Ce construisent trois autres types dont il serait superflu de répéter les données. Nous dirons simplement que ces trois types ont respectivement comme poids total 16 800, 18 150 et 20 900 kilogrammes, comme diamètre de cylindres, 0^m,305 et 0,330, et comme course de piston 0^m,406, 0^m,457 et 0^m,450.

La première colonne du tableau ci-dessous est relative aux conditions d'établissement de la machine représentée sur les dessins.

Diamètre des cylindres	1^m,356	0^m,279
Course des pistons.	0 ,508	0 ,406
Diamètre des roues motrices.	1 ,118	0 ,914
Diamètre des roues du truck.	0 ,711	0 ,640
Empattement rigide	3 ,708	1 ,743
D'axe en axe du premier essieu de la locomotive au dernier essieu du tender	11^m,582	10 ,058
Longueur totale de la machine et du tender.	13 ,919	12 ,344
Du dessus du rail au sommet de la cheminée.	3 ,962	3 ,302
Poids total de la machine en ordre de marche.	23.600 kil.	15.400 kil.
Poids adhérent	19.950 »	13.150 »
Poids sur le truck avant.	3.650 »	2.250 »
Capacité du tender en eau	7^{m3},27	4^{m3},77
Charges remorquées en palier	1.043 ton.	680 ton,

Pour la machine de 23 600 kilogrammes, dont nous donnons une vue perspective, la surface de chauffe se compose de 6^{m3},60 de surface directe du foyer, et 43^{m3},66 de surface de chauffe des tubes, soit au total 50^{m3},26. La surface de la grille est de 1^{m3},35.

Le tender est représenté sur la planche 89; il repose sur deux trucks dont les centres sont écartés de 2^m,743. Les roues ont un diamètre de 0^m,610 et pour chaque truck sont distantes de 1^m,016.

Ces types de locomotives légères sont néanmoins destinés à la voie de 1^m,435 normale.

La locomotive, dont nous donnons le dessin sur la planche n° 89 est la plus petite des huit types construits sous ce nom par les ateliers Porter.

Ces machines se font avec chasse-pierres ou avec tampons, avec ou sans flasques de protection pour les roues.

Le type représenté par le dessein a 0^m,178 de diamètre de cylindre, et 0^m,305 de course des pistons. Le diamètre des roues du truck est de 0^m,457, celui des roues motrices de 0^m,767. L'empattement rigide est de 1^m,422, l'empattement total de 2^m,667, la longueur totale, chasse-pierres compris est de 5^m,486 ; la hauteur totale au-dessus du rail de 3^m,150.

Le poids total est de 9 100 kilogrammes, comprenant un poids adhérent de 5 900 kilogrammes. La capacité de la soute à eau est de 680 litres.

La machine peut remorquer sur des rails en forme de $\perp$ pesant 7 k,50 environ au mètre courant, une charge de 272 tonneaux (voir normale 1m,435). Mois pour supporter cette charge les rails doivent reposer sur des traverses très rapprochées.

Machine de City and Suburban railroad

La locomotive la plus puissante de ce type pèse 24 500 kilogrammes, comprenant un poids adhérent de 18 150 kilogrammes. Cette machine peut remorquer un des rails de 20 kilogrammes au mètre courant, une charge de 454 tonnes. Ce poids, comme le précédent, d'ailleurs, suppose voie en palier.

Le diamètre des cylindres est pour les locomotives de 24 500 kilogrammes, de $0^m,356$, la course des pistons est de $0^m,508$. Dans aucune de leurs machines, qui, comme nous l'avons dit au début, sont toutes des machines légères, les ateliers Porter ne dépassent ces dimensions de cylindres.

Le diamètre des roues motrices est de $1^m,118$; l'empattement rigide de $1^m,956$; l'empattement total de $4^m,572$. La hauteur du dessus du rail au sommet de la cheminée est de $3^m,658$.

La capacité de la soute à eau est de $2^{m3},27$.

Pour le type de locomotive qui peut être considéré comme la moyenne de ces locomotives extrèmes, le poids total est de 16 350 kilogrammes ; le poids adhérent de 11 350 kilogrammes ; le poids sur le truck d'avant 5 000 kilogrammes. Les cylindres ont $0^m,254$ de diamètre et une course de piston de $0^m,406$. Le diamètre des roues motrices est de $0^m,914$, l'empatement rigide de $1^m,600$, l'empattement total de $3^m,658$, la longueur totale $7^m,874$, la capacité de la soute à eau de $1^{m3},82$; le poids total du rail, 15 kilogrammes ; la charge remorquée en palier, 390 tonnes.

Les autres types ont des poids de 12 400, 12 700, 14 050, 18 050 et 20 000 kilogrammes, et peuvent remorquer respectivement 340, 431, 522, 680 et 771 tonnes. (Chiffres calculés sur des bases américaines).

Machines Contractor

Ces locomotives font partie du matériel d'exploitation des entrepreneurs de terrassements. B en que les constructeurs préconisent sur tout le type de voie de 36 pouces (0^m,914), beaucoup d'entrepreneurs préfèrent les voies de 0^m,762 et 0^m,610, qui sont plus maniables, dont le prix est moins coûteux, et dont ils n'hésitent pas à se servir pour des chantiers qui n'ont que 300 mètres, souvent même 150 mètres seulement de longueur. Quelquefois, dans les travaux de chemins de fer, les rails lourds de la voie normale sont employés pour les travaux de terrassement au lieu des rails légers se rapportant à la voie étroite, et les mêmes rails sont ensuite définitivement posés au même endroit après l'achèvement des travaux.

La planche n° 110 représente le type le plus puissant de la voie de 0^m,914 construit par les ateliers Porter.

Le poids total de la machine est de 10000 kilogrammes la soute à eau est disposée au dessus de la chaudière, en dos d'âne, et contient 1370 litres. Les cylindres ont 0^m,229 de diamètre, la course des pistons est de 0^m,356, le diamètre des roues de 0^m,762. L'empattement est de 1^m,600 et la longueur totale de 4^m,597. La hauteur du dessus du rail au sommet de la cheminée de 2^m,940.

La surface de chauffe directe de la boîte à feu est de 2^{m3},71, la surface de chauffe indirecte est formée par 69 tubes de 1^m,651 de longueur et de 0^m,044 de diamètre extérieur, soit une surface de 15^{m3},32. La surface de chauffe totale est de 18^{m2},03 et celle de la grille de 0^m46.

Locomotive Midget

Cette locomotive est représentée par la planche n° 88. Elle répond à un service spécial, et est destinée à transporter les lingots sortant des convertisseurs Bessemer; des machines analogues peuvent être employées avec un égal succès pour le transport des pièces lourdes, à températures élevées qui vont passer aux laminoirs. Ces locomotives ont eu un grand succès et sont couramment employées en Amérique.

Dans le cas des convertisseurs Bessemer, la plate-forme du mécanicien est complètement fermée, avec une seule ouverture sur un des côtés. Pour les transports de scories les côtés de la plate-forme sont laissés ouverts et elle est fermée par des tôles en avant et en arrière. Dans le cas de fours à coke, la voie étant placée à cheval sur deux rangs de fours, la cage est fermée à l'avant et partiellement fermée sur les côtés.

La machine « Midget » représentée sur la planche n° 88a un poids total de 4500 kilogrammes. Le diamètre des cylindres est de 0^m,152, la course des pistons de 0^m,254. La surface de chauffe des tubes est formée par 49 tubes de 1^m,148 de longueur et de 0^m,038 de diamètre extérieur et est égale à 6^m,41 ; la surface de chauffe directe du foyer est de 1^{m²}77, ce qui fait une surface totale de 8^{m²},18.

L'empattement est de 1^m,219, la longueur totale de 3^m,835 et la hauteur du dessus du rail au sommet da la cheminée 2^m,530.

La capacité de la soute à eau est de 680 litres, la locomotive peut remorquer en palier une charge de 340 tonnes théoriquement.

Les ateliers Porter construisent un type plus puissant que celui que nous venons de décrire et dont les dimensions principales sont résumées au tableau suivant.

Diamètre des cylindres.	0^m,229
Course des pistons	0 ,356
Diamètre des roues motrices	1 ,762
Empattement.	1 .600
Longueur totale.	4 ,597
Poids total en ordre de marche	9,500 kil.
Capacité de la soute à eau	1,140 litres
Charge remorquée en palier	500 tonnes

Les données du plus petit type « Midget » sont les suivantes :

Diamètre des cylindres	0^m,127
Course des pistons	0. ,254
Diamètre des roues motrices	0 ,559
Empattement.	1 ,219
Longueur totale.	3 ,048
Poids total en ordre de marche.	4 tonnes.
Capacité de la soute à eau'.	570 litres
Charge remorquable en palier	158 tonnes

Le type exposé au « World's Fair », représenté par les dessins de la planche n° 89 convient surtout aux climats froids du Nord des États-Unis. La soute à charbon est sur la plate-forme même du mécanicien. La cage est fermée sur les côtés avec des portes glissantes. La soute à eau est disposée en dos d'âne au dessus de la chaudière.

Ce type convient tout aussi bien à un service local de voyageurs, quand la vitesse est rapide et les arrêts fréquents, qu'à une machine à marchandises desservant de fortes charges à de petites distances.

Ces machines n'exigent point de plaques tournantes... et participent à tous les avantages et les inconvénients des machines à double sens de marche et à quatre roues accouplées.

Le type le plus puissant construit par les ateliers Porter a un diamètre de cylindres de 0m,356 et une course de pistons de 0m,610. Le diamètre des roues motrices est de 1m,118 et celui des roues d'arrière de 0m,660. L'empattement rigide est de 2m,134 et l'empattement total de 4m,801. La longueur totale de la locomotive, non compris le chasse-pierres est de 7m,925. La hauteur du dessus du rail au sommet de la cheminée est de 3m,886. Le poids adhérent est de 22 770 kilogrammes le poids sur l'essieu d'arrière de 4100 kilogrammes soit un total de 26 800 kilogrammes. La capacité de la soute à eau est est de 4 540 litres et la charge remorquée (sur des rails d'acier de 22 kilogrammes environ) est de 1180 tonnes d'après les constructions.

La locomotive représentée par la planche n° 89 est le plus petit type « Logger ». Le poids adhérent est de 9500 kilogrammes et le poids total de 12700 kilogrammes seulement. La capacité de la soute à eau est de 1800 litres et la charge remorquée (sur des rails d'acier de 12 kilogrammes environ) est de 476 tonnes.

Les cylindres ont 0m,229 de diamètre, la course des pistons est de 0m,356, le diamètre des roues motrices de 0m,838, celui des roues d'arrière 0m,508. L'empattement des roues motrices est de 1m,372 et l'empattement total de 3m,722. La hauteur du dessus du rail au sommet de la cheminée est de 3m,023.

La surface de chauffe du foyer est de 3m³,34; les tubes au nombre de 56 avec une longueur de 2m,210 et un diamètre extérieur de 0m,044 donnent une surface indirecte de 20m²,44, ce qui fait une surface totale de chauffe de 23m³,78. La surface de grille correspondante est de 0m³,63.

Le foyer a 0m,917 de longueur entre parois intérieures et 0m,686 de largeur, sa hauteur est de 1m,019.

La voie a une largeur de 1m,435, c'est la voie normale.

Entre les deux types extrêmes que nous venons de décrire les ateliers Porter construisent également cinq autres types intermédiaires caractérisés par des poids totaux de machine respectivement égaux à 14050, 15900, 17250, 20400 et 24500 kilogrammes.

Le constructeur a adopté une disposition inclinée des cylindres qui est absolument critiquable, car elle n'est justifiée par rien.

Locomotive spéciale pour le transport des bois bruts aux usines de sciage

Cette locomotive représentée en vue perspective, élévations et détails sur les planches 91, 92, 94 et 95 a été construite sur les dessins de M. Shay, aux ateliers de la « Lima Locomotive and Machine Company » à Lima (Ohio).

Le commerce des bois est comme on le sait l'un des plus importants des Etats-Unis, principalement dans les Etats les plus occidentaux ; un fait intéressant à signaler en passant, c'est que les grands centres industriels se portent également vers l'Ouest. L'éclaircissement des forêts est même si rapide que leur nombre très considérable préserve seul pour l'instant ces pays des variations climatériques qui ne peuvent manquer de se produire dans un délai plus ou moins prochain.

Les usines de sciage, qui sont pour la plupart des moulins de sciage, sont naturellement le plus près possible des forêts même de production Dans bien des cas cependant, il faut recourir à l'emploi de la vapeur surtout si l'usine est à quelque distance.

Aussi les demandes de ce matériel spécial, des wagons surtout, sont elles particulièrement nombreuses.

Plusieurs types de ces locomotives étaient exposées au « World's Fair ». Celui de la « Lima Locomotive and Machine Company » était peut-être le plus intéressant, en tout cas, plusieurs machines en service depuis plusieurs années permettent à cette Compagnie de dire que ces locomotives ont fait leurs preuves.

Comme on le voit clairement sur les dessins, la machine et le tender sont portées par des longerons communs, l'ensemble repose sur deux trucks dont les centres sont espacés de 7^m,010. Chaque truck est à quatre roues, les essieux étant écartés de 1^m,321.

Ni la chaudière, ni la boîte à feu n'offrent de particularités bien remarquables à signaler. La première est du type wagon-top, son diamètre est de 1^m,118, elle contient 106 tubes de 0,051 de diamètre extérieur et de 2,426 de longueur entre plaques de tête. La boîte à feu a 1,016 de largeur, 1,854 de longueur, 1,448 de hauteur.

Le dôme de vapeur est placé immédiatement au-dessus de la boîte à feu.

Le bois est naturellement employé comme combustible.

Aux tôles extérieures de la boite à feu et d'un côté seulement, sont fixés trois cylindres de vapeur de 0ᵐ,279 de diamètre et de 0,305 de course de piston.

Les figures 15 et 16 donnent les détails des têtes de crosse, qui sont en acier fondu; les figures 17 et 18 le détail des bielles. Les roues et fusées sont également données en détail sur les figures 19, 22, 23, 24.

Les boggies et la transmission de mouvement par arbre coudé pignons et roues dentées, sont représentés en détail sur les planches 91-95.

Quoi qu'en puisse dire le constructeur, nous ne pouvons admettre qu'une pareille machine soit avantageuse, et, lorsqu'on possède les types si remarquables, étudiés par M. Mallet pour les lignes à faible rayon, sa machine compound, à quatre cylindres, avec avant-train moteur articulé, il faut, ou ignorer l'état de la question, ou avoir d'étranges notions de mécanique pour imaginer une solution aussi étrange, pour ne pas dire plus. Quand on sait que ces machines marchent, on peut dire qu'il est difficile de faire une locomotive qui ne marche pas.

Nous ajouterons pour terminer cette description que les roues ont un diamètre de 0,813, que l'empattement total est de 8,331 et l'empattement rigide 1,118 seulement. Cette locomotive peut donc passer aisément même dans les courbes de faible rayon.

Chaudière type Belpaire du Mexican central railroad

En octobre 1893, sur les ordres de M. Johnstone, ingénieur en chef du « Mexican Central Railroad », on mit à l'étude une chaudière pour le type compound 10 roues de cette Compagnie, destinée à remplacer celles existantes, non pas à cause d'un défaut de construction de ces dernières mais parce que la valeur de l'argent avait tellement fait renchérir le prix du charbon, que la Compagnie était obligée de prendre hors de Mexico, que celle-ci trouvait d'assez grands avantages à employer le bois qu'elle trouvait à meilleur prix à Mexico même.

On voit d'après le dessin que nous donnons ci-contre, que la boite à feu est beaucoup plus profonde que dans les locomotives ayant le charbon comme combustible. La porte du foyer est placée aussi haut que possible pour permettre un chargement plus considérable, surtout à l'arrière, ce qui ne saurait être demandé aux foyers dont les portes sont à la partie inférieure.

A côté de ces dispositions spéciales nécessitées par le combustible il en est d'autres intéressantes qui proviennent de ce fait que la nature de l'eau est très peu propice aux conditions requises pour une alimentation, même d'une qualité moyenne. Aussi la chaudière est-elle munie plus que toute autre, de robinets d'extraction et de tampons de nettoyage.

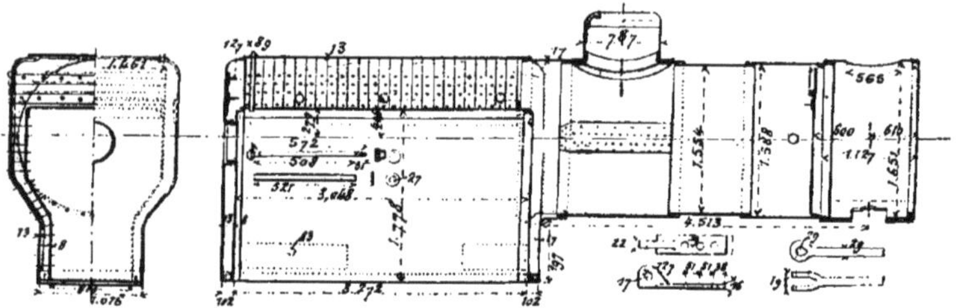

Les robinets d'extraction sont au nombre de trois, et sont ouverts deux ou trois fois sur le parcours d'une division, pour débarrasser la chaudière des sédiments calcaires qui détermineraient bientôt sans cette précaution des entraînements d'eau intolérable.

Les tampons de nettoyage sont au nombre de cinq. Trois sont sur la tôle extérieure d'arrière du foyer, deux sur les tôles des côtés.

Le ciel du foyer est plat, cette disposition nécessite sur un des côtés au moins (côté gauche) trois tampons de nettoyage, permettant à l'aide d'une râclette d'enlever les incrustations.

En raison de la quantité considérable de matières calcaires déposées sur les tubes, ceux-ci sont plus élevés à l'avant d'environ 0,05, cette disposition laissant l'avant des tubes sans dépôts facilite dans une certaine mesure le nettoyage. Il serait également bon, dans cet ordre d'idées de supprimer quelques tubes à la partie supérieure.

Les tiges d'entretoises du ciel de foyer sont munies d'écrous en acier à l'extérieur de la tôle extérieure du foyer ; à l'intérieur du foyer les têtes sont bouterollées.

La hauteur totale de la cheminée au-dessus du sommet de la boîte à fumée est de 1ᵐ,708. Le diamètre intérieur du corps cylindrique de la cheminée est de 0ᵐ,438 ; le diamètre est porté à 1ᵐ,321 dans la partie élargie.

Sur les explosions de chaudières de locomotives en Amérique

Nous ne saurions mieux terminer cette revue des locomotives américaines exposées à Chicago, qu'en résumant en quelques pages une conférence faite au « New-York Railroad Club » par le Dr Barner, sur les
causes d'accidents des chaudières de locomotives.

On croit généralement, dit-il, qu'une chaudière ne fait explosion que
lorsque la tension de la vapeur dépasse la tension de rupture de l'enveloppe, mais cela n'implique pas que la pression de la vapeur soit
plus élevée que celle normalement supportée par la chaudière, pas plus
qu'elle n'atteigne une force suffisante pour faire lever les soupapes de
sûreté. Cela signifie simplement qu'au moment de l'explosion, la pression de la vapeur était plus grande que celle que pouvait supporter la
tôle à cet instant.

Dans presque toutes les explosions des chaudières, la pression ne
dépassait pas la pression normale permise, et les explosions résultant
d'une pression excessive ont été le plus souvent causées par le mauvais
état des soupapes de sûreté.

Les explosions sont donc presque toujours le résultat d'un défaut de
construction, d'une détérioration en service ou d'une surchauffe.

M. Barner, après avoir examiné ces trois causes principales, appelle
la plus grande attention sur une autre cause d'explosion, indépendante
des indications du manomètre et du bon état des soupapes de sûreté ;
l'explosion par le choc.

Il est certain, dit-il, que l'ouverture soudaine d'un large orifice, quand
l'eau de la chaudière a presque atteint la température de la vapeur,
amènerait une explosion. De tels accidents se sont produits, mais rarement, car, d'une manière générale, il n'existe pas d'orifices dont l'ouverture soit assez rapide pour être une cause d'explosion.

La force explosible d'un liquide à température élevée, comme l'eau, le
pétrole, l'ammoniaque, et même le mercure, quand la pression diminue
soudain, est maintenant bien connue.

Quand l'eau est chauffée à 193^0 centigrades, ce qui correspond à une
pression de 12 kil. 67, que nous retrouvons souvent dans les locomotives américaines, celle-ci renferme une quantité de chaleur suffisante
pour la production d'une grande quantité de vapeur à basse pression.

Si l'abaissement de pression se produit par suite de l'ouverture d'un large orifice, la soudaine production de vapeur dans l'eau elle-même projette celle-ci contre les tôles avec une force très considérable.

On a toujours remarqué que les explosions des chaudières, contenant la quantité normale d'eau, sont beaucoup plus désastreuses que les explosions où la chaudière contenait uniquement de la vapeur,

D'une manière générale, les ruptures de faible étendue, au-dessous du niveau de l'eau dans la chaudière, sont également bien moins dangereuses que les ruptures au-dessus de ce niveau, la pression diminuant moins rapidement par suite d'une fuite d'eau que par suite d'une fuite de vapeur.

Pour montrer encore l'importance de la présence de l'eau dans la chaudière, au moment d'une explosion, M. Barner cite ce fait que la pression tombant de 12 kil. 67 à la pression atmosphérique, un mètre cube de vapeur, occupe immédiatement un volume 240 fois plus grand.

Après avoir donné l'exemple d'une explosion de chaudière type Belpaire, M. Barner donne la table suivante des explosions de chaudières de locomotives pendant dix années, de 1882 à 1892. On remarquera qu'en 1892 la moyenne est bien plus élevée que dans les neuf premières années. La majorité de ces explosions est due au manque d'eau. Le défaut d'inspection et les négligences des réparations dans les entretoises ont causé le reste.

1883.	. . .	17	1888.	. . . .	23
1884.	. . . .	15	1889.	. . .	15
1885.	. . . .	10	1890.	. . . .	25
1886.	. . . .	22	1891.	. . . .	22
1887.	. . . .	14	1892.	. . . .	32

M. Barner en conclut que les mécaniciens et chauffeurs, responsables du niveau de l'eau dans la chaudière, et les seuls atteints généralement, sont victimes de leur propre négligence.

La moyenne des explosions, concernant les locomotives, est de 9 à 9 1/2 % des explosions totales de chaudières. Par année, le nombre des morts et blessés est de 25 et 35 hommes respectivement.

Nous ne suivrons pas cette conférence sur l'examen critique des devoirs des inspecteurs dans les différents cas, examen très pessimiste d'ailleurs. Nous retiendrons ce fait que le type wagon-top est considéré, même en Amérique, où il est des plus employés, comme exigeant pour l'entretoisement un réseau bien compliqué, et naturellement impossible à examiner de près, par conséquent dangereux. C'est surtout ce grand inconvénient qui a conduit à l'emploi des entretoises suivant les rayons, et aux chaudières du type Belpaire.

nclusions

Nous avons dû, dans cette longue énumération laisser de côté bien des détails qui auraient été cependant bien intéressants.

Les Américains ne sont point, en effet, retenus par le respect des types adoptés par les Compagnies comme en Europe et leur esprit cher-cheur et inventif leur fait essayer des dispositifs quelquefois absurdes, souvent ingénieux et dont on peut faire son profit utilement.

Dans la suspension des locomotives, par exemple, il y a des dispo-sitifs très ingénieux pour reporter les ressorts en dehors de l'aplomb des boîtes. Nos lecteurs pourront facilement s'en rendre compte en étudiant les planches, ainsi l'essieu d'arrière de la machine de l'Elevated de Lake Street, de Chicago, Nous citerons encore les deux essieux d'ar-rière de la machine Consolidation des « ateliers de Richemond ».

Ce qu'on remarquera, c'est l'absence de machines articulées, à part la machine à arbre latéral que nous avons décrit en dernier lieu. Les Américains semblent préférer faire passer des machines même avec de grands empattements dans les courbes de faible rayon. La présence du truck ou du poney truck, suffit d'après eux, dans les limites de la pra-tique courante.

Il est vrai que, à part certains points, les lignes américaines traversent des pays faciles au point de vue de la construction des lignes de che-mins de fer. Toutefois, il était très regrettable que la construction française ne fut pas représentée, dans ce genre, par une machine Mallet, type si répandu en France et en Europe, et, qui tous les jours se déve-loppe sur les lignes à fortes rampes et à courbes de faible rayon. Enfin aucune machine à crémaillère n'était exposée :

Sous le rapport des détails et des appareils secondaires, l'Exposition était très complète : tiroirs, équilibrés, soupapes de sûreté à ouverture progressive automatique, silencieuses, prises de vapeur, robinets, tubes à niveau à fermeture automatique, injecteurs, etc., etc.

Les essieux, les roues, en fonte ou en acier, les boites, les châssis de trucks, les freins, occupaient une place importante, ainsi que les attelages de toutes les formes, de tous les types, mais tous automatiques et dérivés du Janney et dont nous reparlerons dans la seconde partie.

Enfin nous terminerons en disant qu'à notre avis l'étude des locomotives américaines était très utile et très intéressante pour les ingénieurs Européens. Ces derniers depuis de longues années se sont arrêtés à des types bien définis, qui ont été poussés à la perfection de l'exécution dans les détails, le prix de revient de l'unité de poids croissant toujours. On est arrivé à faire de la locomotive une sorte d'horloge qui a besoin d'être ménagée et conduite avec un soin tout particulier.

Au contraire les Américains ont suivi une route toute différente, ils ont cherché à produire des machines donnant le maximum de puissance au minimum de prix de revient, toutes les pièces doivent être robustes et la conduite doit pouvoir en être confiée à des mécaniciens peu soigneux. Le charbon est à bon marché, les eaux sont en général très pures les lignes peu accidentées, la main d'œuvre chère et le personnel peu stable.

On ne peut donc pas établir de comparaison entre les deux familles de locomotives, elles ont toutes les deux leur raison d'être, et, si la locomotive américaine telle qu'elle est construite serait déplacée sur nos lignes de France, d'Angleterre ou d'Allemagne, les nôtres ne le seraient pas moins en Amérique. C'est une question qui n'a pas été examinée d'un œil assez libéral, l'amour propre des constructeurs des deux côtés de l'eau étant engagé, bien sottement à notre avis, à ne pas admettre que chaque système a du bon.

C'est ce qui explique la faveur des machines américaines dans l'Amérique du Sud et dans beaucoup de colonies anglaises, ou elles ont supplanté complètement les machines d'importation Anglaise ou Européenne. C'est que ces machines répondent mieux que les nôtres aux besoins spéciaux du pays.

Lorsque les machines anglaises, copiées sur le meilleur type d'Angleterre, se sont trouvées dans l'Amérique du Sud ou en Australie, circulant sur des voies mal dressées, exposées à des chaleurs élevées, environnées de tourbillons de poussière, elles n'ont pu faire qu'un service médiocre, trop rigide elles abimaient la voie tout en déraillant très souvent, l'usure des pièces et les chauffages étaient continus.

A côté de cela les machines américaines ne donnaient lieu à aucun ennui, et elles qui se seraient montrées inférieures sur les lignes européennes, battaient sans rémission les machines anglaises sur ce terrain qui n'était pas fait pour ces dernières.

La conclusion des ingénieurs européens était qu'il fallait non approprier les machines à la voie, mais bien construire la voie dans les mêmes conditions qu'en Europe, proposition en général absurde, car les conditions climatériques et financières, ainsi que la possibilité d'avoir de la main-d'œuvre ne sont pas les mêmes.

Nous ne saurions donc trop recommander aux ingénieurs européens l'étude des machines américaines, toutes les fois qu'ils auront à étudier des machines pour les pays neufs, les colonies, l'Asie, l'Afrique, car la machine américaine qui leur semble grossière et médiocrement construite, pourra rendre des services bien supérieurs à ce que donnerait la plus soignée des machines européennes.

C'est une question d'opportunité, et, en matière de matériel de chemin de fer, le chauvinisme est très déplacé. Il faut qu'un ingénieur soit bien persuadé que les progrès de la mécanique ne sont le privilège d'aucun peuple, et qu'il y a à prendre dans tous les pays. C'est un reproche qui s'adresse aussi bien aux ingénieurs européens qui, choqués à la vue de certains détails peu soignés des locomotives américaines, un rivet mal bouterollé, une pièce brute de forge, etc., haussaient les épaules quand on leur parlait des machines américaines, qu'aux ingénieurs américains qui étaient absolument étonnés quand on ne leur disait pas que leurs machines étaient les plus belles du monde.

La vérité est que si les constructeurs d'Europe n'ont point à redouter la concurrence des constructeurs américains en Europe même, ils ont tout à redouter d'eux dans les pays neufs, grâce aux bas prix et aux qualités propres des machines qu'ils construisent.

TABLE DES MATIÈRES

Imp. E. BERNARD. — Paris.

CHEMINS DE FER DU NORD

PARIS — LONDRES

Cinq services rapides quotidiens dans chaque sen.

Trajet en 7 h. 1/2. — Traversée en 1 h. 1/4.

Tous les trains, sauf le Club-Train, comportent des 2mes classes.

Départs de Paris

Vià Calais-Douvres: 8 h. 22 — 11 h. 30 du matin — 3 h. 15 (Club-Train) et 8 h. 25 du soir,

Vià Boulogne-Folkestone : 10 h. 10 du matin.

Départs de Londres

Vià Douvres-Calais : 8 h. 20 — 11 h. du matin — 3 h. (Club-Train) et 8 h. 15 du soir.

Vià Folkestone-Boulogne : 10 h. du matin.

Les voyageurs munis de billets de 1re classe sont admis *sans suplément* dans la voiture oe 1re cl
ajoutée au Club-Train entre Paris et Calais.

De Calais à Lonïres supplément de **12 fr. 50.**

Un service de nuit accéléré à prix très réduits et à heures fixes vià Calais, en 10 heures.

Départ de Paris à 6 h. 10 du soir. — Départ de Londres à 7 heures du soir.

Un service de nuit à prix très réduits et à heures variables, vià Boulogne-Folkestone.

Services directs entre Paris et Bruxel...

Trajet en 5 heures.

Départs de Paris à 8 h, 15 du matin, Midi 40, 3 h. 50, 6 h. 20 et 11 heures du soir.

Départs de Bruxelles à 7 h. 30 du matin, 1 h. 15, 6 h. 20 du soir et minuit.

Wagon-salon et wagon-restaurant aux trains partant de Paris à 6 h. 20 du soir et de Bruxelles à 7 h.
du matin.

Wagon-restaurant aux trains partant de Paris à 8 h. 15 du matin et de Bruxelles à 6 h, 20 du soir.

Services directs entre Paris et la Holland...

Trajet en 10 h. 1/2.

Départs de Paris à 8 h. 15 du matin, midi 40 et 11 heures du soir.

Départs d'Amsterdam à 7 h. 30 du matin, midi 55 et 5 h. 55 du soir.

Départs d'Utrecht à 8 h. 16 du matin, 1 h. 37 et 6 h. 37 du soir.

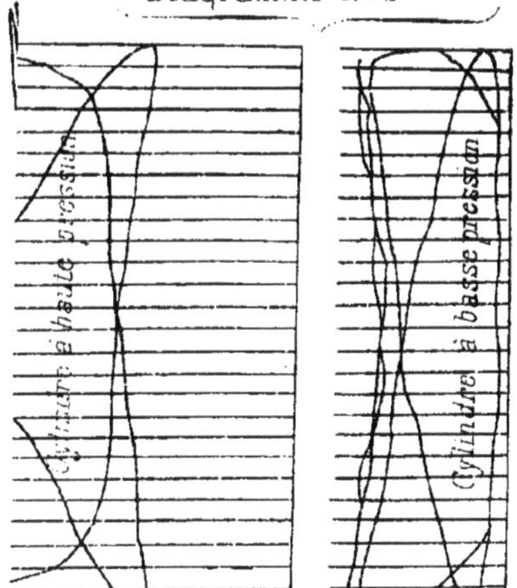

être égale à 11ᵏ 26 (effec.
é sans tenir compte du voi

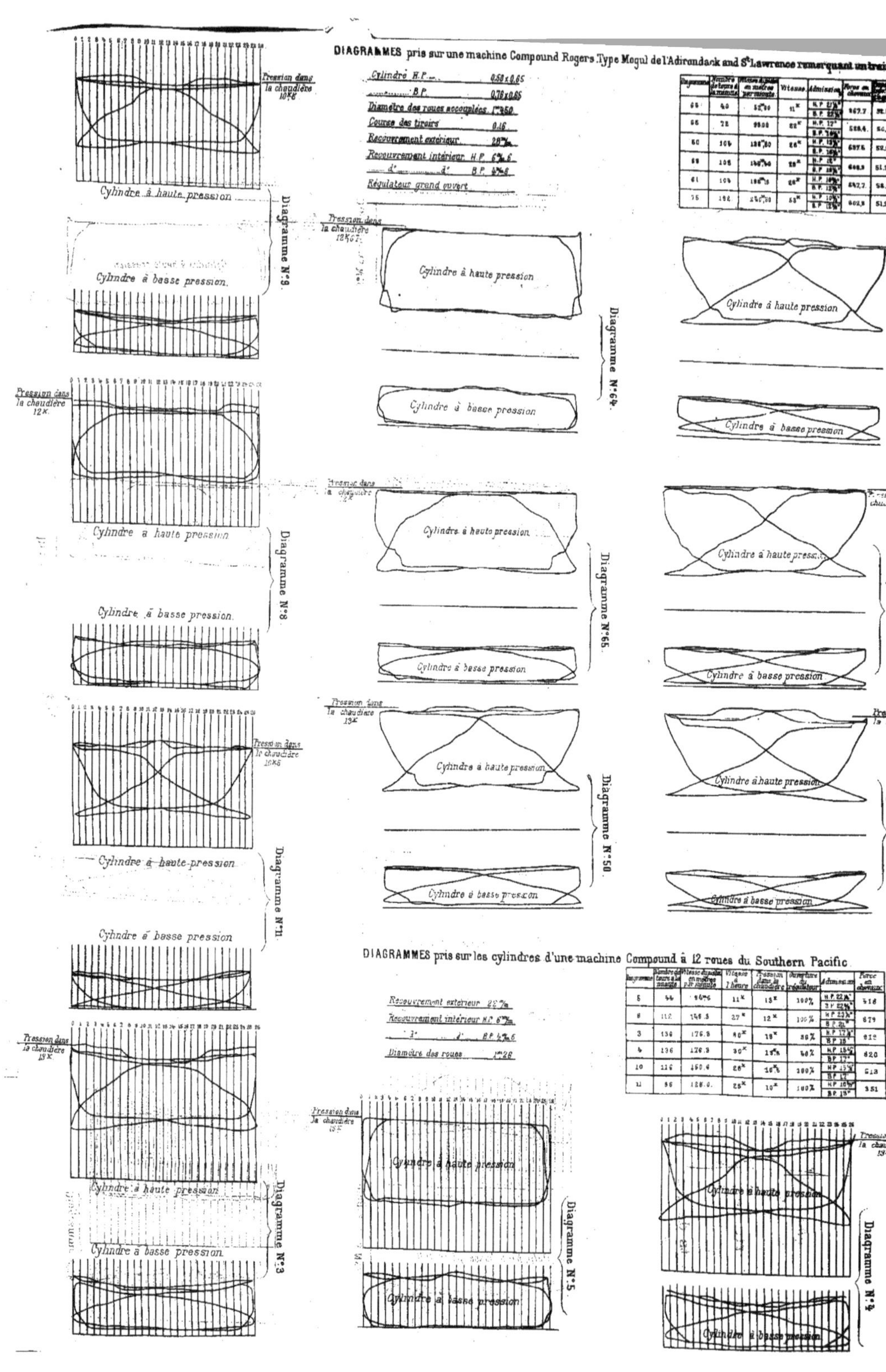

Diagramme	Nombre de tours à la minute	Vitesse du piston en mètres par minute	Vitesse	Admission	Force en chevaux	
68	40	52m80	11 K	H.P. 21% / B.P. 22%	867.7	52.89
66	72	95m00	22 K	H.P. 17 / B.P. 19%	529.4	56.13
50	104	135m80	26 K	H.P. 15% / B.P. 16%	697.5	52.53
69	105	145m40	28 K	H.P. 13 / B.P. 13%	648.3	51.29
61	104	196m15	26 K	H.P. 10% / B.P. 12%	547.7	53.48
75	192	250m30	53 K	H.P. 10% / B.P. 12%	602.8	51.96

Diagramme	Nombre de tours à la minute	Vitesse du piston en mètres par minute	Vitesse à l'heure	Pression dans la chaudière	Ouverture du régulateur	Admission	Force en chevaux
5	44	46m6	11 K	13 K	100%	H.P. 22% / B.P. 22%	418
8	112	146.5	27 K	12 K	100%	H.P. 22% / B.P. 21	679
3	136	176.8	40 K	10 K	80%	H.P. 17% / B.P. 15	612
4	136	176.8	30 K	11 K	80%	H.P. 15% / B.P. 17	620
10	116	150.4	26 K	10 K	100%	H.P. 15% / B.P. 17	613
11	96	128.0	25 K	10 K	100%	H.P. 15% / B.P. 15	351

Tableau donnant les dimensions principales de Locomotives Américaines actuellement en Service.

Les désignations des compagnies (colonne de gauche) sont coupées au bord de la page; les noms ci-dessous sont partiels.

Indication des Compagnies				Avec ou Sans tender séparé	Disposition des Cylindres	Cylindres indépendants ou Compound	Diamètre des roues motrices	Dimensions des Cylindres	Poids total de la machine	Poids adhérent	Poids non adhérent	Poids du tender chargé
…Milwaukee & St. Paul	2	2	o	Avec	Extérieurs	Cylindres indépendants	1,575	0,406 x 0,610	30,000	24,500	14,500	39,960
…outh Wales	3	2	o	.	.	.	1,549	0,533 x 0,610	34,950	44,200	12,750	39,650
…of New Jersey	2	2	o	.	.	.	1,727	0,463 x 0,610	42,050	34,452	13,600	12,600 Vide
…one of Ohio	3	2	o	.	.	.	1,575	0,533 x 0,610	60,350	44,850	13,600	13,900 Vide
…ster and St. Louis	2	2	o	.	.	.	1,676	0,470 x 0,610	59,600	46,600	13,600	34,850
…nia R	2	2	o	.	.	.	1,981	0,483 x 0,610	55,800	36,750	12,080	39,500
…Central of …	2	2	o	.	.	.	2,146	0,483 x 0,610	56,800	37,300	18,500	36,500
…Paul & Quincy	2	2	o	.	.	.	1,749	0,457 x 0,610	30,300	[illegible]	[illegible]	[illegible]
…Central of …	1	2	o	.	.	.	1,981	0,433 x 0,610	57,500	36,500	20,300	37,400
…ster and St. Louis	2	3	o	.	.	.	1,727	0,470 x 0,610	54,650	39,250	13,400	34,700
…E and W	2	2	o	.	.	.	1,727	0,504 x 0,610	54,950	45,250	13,600	34,450
…w central	2	2	o	.	.	Compound Schenectady	1,880	0,505 x 0,737 x 0,610	50,300	44,300	16,400	16,030 Vide
…nia	3	4	o	.	.	.	1,880	0,502 x 0,761 x 0,600	50,300	44,350	4,600	39,500
…Road of New Jersey	2	2	.	.	.	Compound Vauclain	1,981	0,330 x 0,560 x 0,610	56,460	40,100	16,050	[illegible]
…nie	3	2	o	.	.	.	1,828	0,356 x 0,610 x 0,650	60,300	46,350	19,950	[illegible]
…ia & Reading	2	1	1	.	.	.	1,981	0,330 x 0,530 x 0,610	58,500	37,650	30,850	[illegible]
…al & Quincy	3	1	o	.	.	C. B. & Q. Compound	1,575	0,502 x 0,237 x 0,610	56,150	28,450	7,700	[illegible]
…uraches & St. Paul	3	2	o	.	.	Compound White Hart	1,981	0,336 x 0,510 x 0,711	53,150	40,150	[illegible]	34,000
	4	1	o	.	.	Cylindres indépendants	1,276	0,483 x 0,600	57,560	29,850	7,600	[illegible]
…and Maryland	5	o	o	.	.	.	1,270	0,539 x 0,711	68,500	50,200	[illegible]	[illegible]
…ard St. Louis	3	2	o	.	.	.	1,422	0,483 x 0,611	54,150	45,300	13,850	34,350
…a & Ohio	4	1	o	.	.	.	1,270	0,533 x 0,660	54,700	53,150	8,400	[illegible]
	3	2	o	.	.	.	1,524	0,508 x 0,620	57,852	46,400	9,500	[illegible]
…ten Range	4	2	o	.	.	.	1,372	0,483 x 0,610	54,500	43,550	43,850	16,030 Vide
	4	1	o	.	.	Compound Vauclain	1,276	0,330 x 0,535 x 0,660	68,200	52,350	6,050	[illegible]
…ife	3	2	o	.	.	Compound Schenectady	1,397	0,302 x 0,711 x 0,660	87,150	45,150	18,000	[illegible]
…and W	6	1	o	.	.	Vauclain	1,270	0,406 x 0,686 x 0,711	87,500	37,400	10,460	[illegible]
…& Lebanon	4	1	o	.	.	.	1,270	0,336 x 0,610 x 0,711	64,000	50,300	8,400	[illegible]
…lltee & St. P	2	2	o	.	.	.	1,549	0,510 x 0,505 x 0,660	38,300	39,900	16,600	[illegible]
…tral	3	2	o	.	.	Roger	1,435	0,304 x 0,787 x 0,660	54,300	44,650	9,650	[illegible]

Indication des Compagnies	Surface de la Grille	Surface de chauffe de la boîte à feu	Surface de chauffe des tubes	Diamètre de la Chaudière	Boiler Wagon top, Belpaire ou Straight	Pression de la Vapeur	Longueur des Tubes	Diamètre des Tubes	Service de la Machine	Capacité du Tender en eau (litres)	Capacité du Tender en charbon (t)	Rapport de la puissance des cylindres au poids adhérent
…Milwaukee & St. Paul	1,44	47,55	70,21	1,219	Wagon	11,26	3,363	0,051	Voyageurs	14,540	4,560	0,461
…outh Wales	2,59	9,15	148,22	1,575	Straight	11,26	[illegible]	[illegible]	.	16,360	…	0,447
…of New Jersey	3,44	…	…	…	Wagon	11,26	3,600	0,051	.	…	…	0,421
…one of Ohio	2,62	17,51	171,57	1,636	.	11,26	4,032	0,057	.	…	…	0,450
…ster and St. Louis	1,69	13,66	174,57	1,524	.	11,26	4,083	0,051	.	16,810	6,350	0,304
…nia R	2,43	13,31	155,35	1,473	.	12,66	3,658	0,051	.	15,900	7,260	0,387
…Central of …	1,52	…	…	1,473	.	12,66	3,658	0,051	.	16,300	6,280	0,352
…Paul & Quincy	2,32	10,31	130,56	1,442	Straight	10,35	…	…	.	…	…	0,426
…Central of …	2,54	13,72	155,25	1,473	Wagon	12,66	3,658	0,051	.	15,900	6,120	0,365
…ster and St. Louis	2,91	13,35	132,50	1,499	Straight	12,66	3,452	0,051	.	18,170	6,350	0,395
…E and W	…	17,12	175,12	1,534	Wagon	11,26	3,708	0,051	.	16,360	…	0,355
…w central	2,62	13,12	170,89	1,473	Wagon	12,66	3,962	[illegible]	.	17,260	7,260	0,389
…nia	2,43	13,17	164,89	…	.	12,66	3,962	0,051	.	15,900	7,260	0,404
…Road of New Jersey	3,51	…	…	1,473	.	12,66	3,607	0,051	.	15,900	…	0,476
…nie	3,63	…	…	1,575	Straight	12,66	3,367	0,051	.	16,360	…	0,542
…ia & Reading	7,06	11,97	117,18	…	Woolten	11,97	3,048	0,038	.	…	…	0,423
…al & Quincy	2,52	11,70	138,30	1,282	Wagon	11,36	3,877	0,051	.	18,170	…	0,417
…uraches & St. Paul	…	…	…	1,575	Straight top	11,26	3,606	0,051	Marchandises	…	…	0,554
	3,63	…	…	…	.	11,26	4,430	0,066	.	15,810	…	0,431
…and Maryland	3,36	16,72	301,63	1,747	Wagon	11,36	4,067	0,051	.	16,810	6,350	0,453
…ard St. Louis	1,63	13,66	174,37	1,534	.	11,36	4,140	0,057	.	…	…	0,391
…a & Ohio	2,57	13,43	197,15	1,397	.	12,66	3,962	0,059	.	…	…	0,507
	3,03	13,03	182,38	1,534	Straight	12,66	4,115	0,057	.	15,900	5,900	0,482
…ten Range	3,21	17,62	205,53	1,599	.	12,66	3,950	0,051	.	…	…	0,472
	2,69	…	…	…	Wagon	12,32	3,962	0,051	.	…	…	0,538
…ife	2,66	13,02	268,13	1,534	Woolten	12,32	3,658	0,057	.	18,170	7,260	1,526
…and W	…	16,35	305,42	…	Straight	12,66	4,115	0,051	.	20,460	…	0,660
…& Lebanon	3,44	…	…	1,830	.	12,32	4,463	0,057	.	13,360	…	0,675
…lltee & St. P	1,69	…	…	…	.	12,32	3,363	0,051	.	…	…	0,525
…tral	2,42	…	…	…	Belpaire	12,66	3,363	0,051	.	15,900	…	0,512

Notas — Le quotient de la puissance des cylindres ou poids adhérent sont calculés par l'expression :

$$\frac{2 \times \text{Surface du piston} \times \text{pression à la chaudière} \times \text{course}}{\text{Poids adhérent} \times \text{diamètre des roues motrices}}$$

La pression à la chaudière, quand elle n'a pas été donnée par le constructeur, a été supposée être égale à 11k 36 (effective).

En ce qui concerne les locomotives compound, le quotient donné à la dernière colonne a été calculé sans tenir compte du volume du cylindre.

Tableau donnant les dimensions des Locomotives anglaises

Indications des Compagnies	(roues)	(roues accouplées)	(roues déplacé)	Nombre de roues accouplé	Disposition des Cylindres	Cylindres indépendants ou Compound	Diamètre des roues motrices	Dimensions des Cylindres	Poids total de la Machine	Poids adhérent	Poids non adhérent	Poids du tender chargé	Surface de la grille	Surface de chauffe de la boîte à feu	Surface de chauffe des tubes	Diamètre de la chaudière	Boîtier Wagon top Wellpairs ou Straight	Pression de la Vapeur	Longueur des tubes	Diamètre des tubes	Service de la machine	Capacité du tender en eau	Capacité du tender en charbon	Rapport de la puissance du cylindre au poids adhérent
Great Northern					Intérieure	Cylindres indépendants	2ᵐ 346	0ᵐ470 × 0ᵐ480	41.800	17.250ᵏ	23.030ᵏ	30.100ᵏ	1ᵐ21	10ᵐ00	93.700	1ᵐ270	Straight	11ᵏ25	3ᵐ681	0ᵐ044	Voyageurs			0.743
London and North West					Intérieure	Compound Webb	2.158	0,521 et 0,762 × 0,610	53.850	34.450	21.400	25.400	1.60	11.20	46.36	1.255	"	12.28	3.670	0.054	"			0.603
North London					Intérieure	Cylindres indépendants	1.803	0,444 × 0.610	46.700	31.450	14.250		4.54	8.25	67.00	1.270	"	11.26	3.070	0.044	"	6.000	1270ᵏ	0.375
							1.651	0,435 × 0.610	46.700	38.100	13.700		4.54	5.25	74.33	1.270	"	12.66	3.404	0.043	"	6.250	1270	0.388
Bristol and Exeter					Extérieure	[illegible]	2.743	0,419 × 0.610	42.650	21.350	21.300					1.352	"	11.25	3.404	0.043	"			0.467
Great Eastern					Intérieure	[illegible]	2.438	0,457 × 0.610	42.200	16.240	25.960	30.400	2.33	14.21	143.46	1.272	"	11.26	3.375	0.057	"	43.620		0.667
Midland							2.134	0,423 × 0.480	43.500	38.400	45.100		1.63	10.33	85.07	1.270	"	11.28	3.200	0.044 / 0.038	"	17.720		0.443
							2.386	0,423 × 0.660	68.700	17.800	25.900		1.63	10.87	104.36	1.270	"	14.28	3.180	0.044 / 0.038	"	17.720 / 43.750	3860 / 3560	0.688 / 0.580
London and th. Western					Intérieure		2.007	0,457 × 0.610	27.500	30.700	46.800	35.640	1.63	10.43	87.73	1.331	"	11.26	3.261	0.044	"	43.750	3560	0.580
Midland					Intérieure		2.134	0,457 × 0.660																
London B. and S.C.					Intérieure		1.981	0,444 × 0.660	30.350	28.800	41.550	27.780	1.95	10.33	122.76	1.346	"	10.88	3.096	0.038	"	40.23.		0.472
London and N.W					Extérieure	Compound Webb	2.159	0,356 et 0,762 × 0.610	47.050	38.800	41.350		1.90	43.96	116.36	1.346	"	15.25		0.043	"			
							1.828	0,356 et 0,610 × 0.610	34.900			24.700	1.61	11.05	77.70		"	3.25			"	6.240		
Highland					Intérieure	Cylindres indépendants	1.740	0,457 × 0.610	43.700			35.960	1.76	8.06	96.22	1.270	"		3.150	0.044	"	10.720		
North Eastern					Intérieure		1.584	0,406 × 0.483								1.251	"		3.346	0.054	"	8.300		
Caledonian							2.134	0,457 × 0.660	42.350	17.900	25.950					1.295	"	10.50	3.376	0.044	"	13.950		
Great Northern							2.337	0,457 × 0.660								1.314	"	10.50	3.344	0.041	"		3080	
North British							2.134	0,457 × 0.660	41.650			33.500	1.74	12.03	104.05	1.323	"		3.343	0.044	"	11.550		0.681
Caledonian						Compound Tandem, Cylindres indépendants	2.007	0,330 et 0,508 × 0.610																

Tableau donnant les dimensions diverses de locomotives

Nations	N°				Avec ou sans repos	Classe des Cylindres	Cylindres indépendants ou Compound	Diamètre des roues motrices	Dimensions des Cylindres	Poids total de la Machine	Poids adhérent	Poids non adhérent	Poids du Tender chargé	Surface de la grille	Surface de chauffe de la boîte à feu	Surface de chauffe des tubes	Diamètre de la chaudière	Boiler Wagon tops Belpaire ou Straight	Pression de la Vapeur	Longueur des Tubes	Diamètre des Tubes	Service de la machine	Capacité du tender en eau	Capacité du tender en charbon	Rapport de la puissance du cylindre au poids adhérent
						Intérieur	Cylindres indépendants	1.904	0.432 x 0.597		26.750				7.06	107.04	1.194	Straight	9	3.825		Voyageur			0.292
					sans			1.339	0.429 x 0.600	37.650	37.650			1.30	7.20	91.90	1.219		10	3.300	0.046		4.000	1.730	0.309
					avec			2.045	0.457 x 0.660	43.450	29.650	18.800		1.77			1.245	Wagon	11	4.178	0.051				0.392
								2.095	0.432 x 0.607		26.300			2.32	9.10	115.29	1.245	Straight	9.85	4.039					0.318
								2.040	0.437 x 0.607	30.800	27.200	12.400		1.64	9.70	100.95	1.329		10	3.175	0.046				0.328
						Extérieur	Compound 4 cylindres	2.000	0.442 x 0.660	43.800	27.450	10.330		1.64	8.90	111.25	1.219		12	4.953	0.046				0.447
							Cylindres indépendants	2.095	0.495 x 0.648	53.500				2.33			1.362		15						

Nota : Le quotient de la puissance des Cylindres au poids adhérent est calculé par l'expression : $\dfrac{2 \times \text{Surface du piston} \times \text{pression à la chaudière} \times \text{Course}}{\text{Poids adhérent} \times \text{Diamètre des roues motrices}}$

La pression à la chaudière, quand elle n'a pas été donnée par le constructeur, a été supposée être égale à 12 k. 26 (pression effective).

En ce qui concerne les locomotives Compound, le quotient donné à la dernière colonne a été calculé sans tenir compte du volume du cylindre à haute-pression.

CHEMINS DE FER DE L'OUEST

Abonnements sur tout le réseau

La Compagnie des Chemins de fer de l'Ouest fait délivrer, sur tout son réseau, des cartes d'abonnement nominatives et personnelles, en 1re, 2e et 3e classes.

Ces cartes donnent droit à l'abonné de s'arrêter à toutes les stations comprises dans le parcours indiqué sur sa carte et de prendre tous les trains comportant des voitures de la classe pour laquelle l'abonnement a été souscrit.

Les prix sont calculés d'après la distance kilométrique parcourue.

La durée de ces abonnements est de trois mois, de six mois ou d'une année.

Ces abonnements partent du 1er et du 15 de chaque mois.

SERVICES QUOTIDIENS RAPIDES
ENTRE PARIS ET LONDRES
par Dieppe et Newhaven

Les importants travaux exécutés récemment dans les ports de DIEPPE et de NEWHAVEN, en donnant la facilité d'organiser, dans ces deux ports, des départs à heures fixes, *quelle que soit l'heure de la marée*, ont permis aux *Compagnies de l'Ouest et de Brighton* de réduire considérablement la durée du trajet entre PARIS et LONDRES et de créer des services rapides qui fonctionnent tous les jours, sauf le cas de force majeure, aux heures indiquées ci-dessous :

De Paris à Londres :

	Jour 1-2-3 cl.	Nuit 1-2-3 cl.
Départ de Paris-St-Lazare	9 h. matin.	8 h. 50 soir.
Départ de Dieppe.......	midi 45	1 h. du matin
Arrivée à Londres — Gare de London-Bridge.	7 h. soir	7 h. 40 matin
Gare Victoria	7 h. soir	7 h. 50 matin

De Londres à Paris

Départ de Londres — Gare Victoria	9 h. matin.	8 h. 50 soir.
Gare de London-Bridge.	9 h. matin.	9 h. du soir.
Départ de Newhaven....	10 h. 35 soir.	11 h. du soir
Arrivée à Paris-St-Lazare	6 h. 45 soir.	8 h. du matin.

PRIX DES BILLETS.

Billets simples, valables pendant 7 jours :
1re cl. **41 fr. 25.**—2e cl. **30 fr.**—3e cl. **21 fr. 25**
plus **2** francs par billet, pour droits de port à Dieppe et à Newhaven.

Billets d'aller et retour, valables pendant un mois
1re cl. **68 fr. 75** – 2e cl. **48 fr. 75** – 3e cl. **37 fr. 50**
plus **4** francs par billet, pour droits de port à Dieppe et à Newhaven

Ces billets donnent le droit de s'arrêter à *Rouen, Dieppe, Newhaven et Brighton.*

Abonnements d'un mois

La Compagnie de l'Ouest, en présence du su obtenu par ses abonnements circulaires de 3 m 6 mois et un an, créés récemment sur les lignes Saint-Cloud, Versailles (rive droite et rive gauc Saint-Germain et Marly, vient de prendre une n velle mesure qui favorisera certainement le sé à la campagne des personnes appelées constamm à Paris par leurs occupations, en créant sur mêmes parcours des abonnements d'un mois, d vrés pendant toute la saison d'été, du 1er mai 1er octobre.

Ces nouveaux abonnements sont d'autant p avantageux qu'on peut les obtenir à une date q conque ; il suffit de les demander cinq jours l'avance.

EXCURSIONS
DE PARIS A VERSAILLES & A SAINT-GERMA
(par la Forêt de Marly)
tous les jeudis, du 2 juin au 29 septembre 1892 incl
(à l'exception du jeudi 14 juillet 1892)

La Compagnie des Chemins de fer de l'Ouest o ganisera tous les Jeudis, à partir du 2 juin et ju qu'au 29 septembre inclus (à l'exception du jeu 14 juillet 1892), des Excursions au départ de Par sur Versailles et Saint-Germain, aux prix et condi tions ci-après indiquées :

Excursions à Versailles

Prix par place { 1re classe . . . . . . **5 f** / 2e classe . . . . . . **4 f**

Par suite d'une combinaison avec une Société d voyage, ces prix comprennent :

1° Le transport en *chemin de fer* de Paris-Saint Lazare à Versailles (R. D.) et retour, par les train ci-après désignés :

Aller : Départ de Paris-Saint Lazare 11 h. 20 o midi 20.

Retour : Départ de Versailles (R. D.) par tous le trains de la soirée à partir de 4 h. 10 soir.

2° Le trajet aller et retour, en *voitures spéciales* entre la gare de Versailles (R. D.) le Château et le Trianons.

3° La *visite* des Musées, Châteaux et Jardins sous la direction des guides de l'Agence des Voyages.

Excursions à Saint-Germain

Prix par place { 1re classe . . . . . . **5 fr.** / 2e classe . . . . **4 fr. 50**

Par suite d'une combinaison avec une Société de voyages, ces prix comprennent :

1° Le transport en *chemin de fer* de Paris-Saint-Lazare à Pont-de-Saint-Cloud et de Saint-Germain à Paris-Saint-Lazare, par les trains ci-après désignés :

Aller : Départ de Paris-Saint-Lazare à midi 50.

Retour : Départ de Saint-Germain par tous les trains de la soirée, à partir de 4 h. 18 soir.

2° Le trajet en *voitures spéciales* de Saint-Cloud à Saint-Germain par Vaucresson, Rocquencourt et la forêt de Marly.

3° La *visite* du Château de Saint-Cloud et du Musée de Saint-Germain, sous la direction des guides de l'Agence des Voyages.

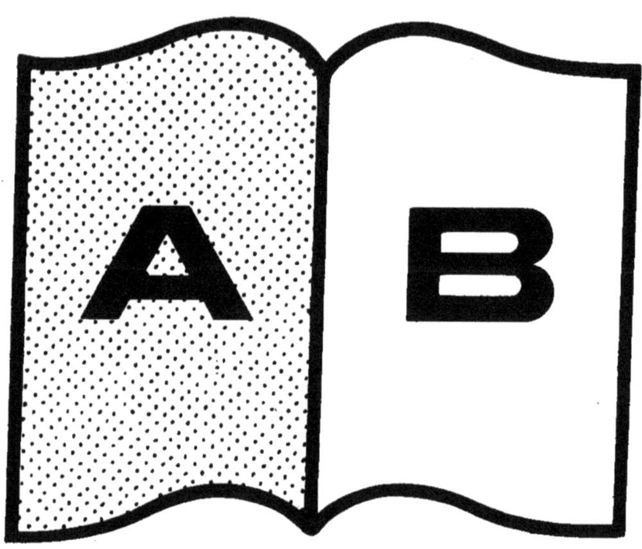

Contraste insuffisant

NF Z 43-120-14

9 782013 544894